企业节能系列国家标准实施指南统一宣贯教材

钢铁行业单位产品能耗限额国家标准
应用指南

钢铁研究总院
中国钢铁工业协会 编著

中国标准出版社
北京

图书在版编目(CIP)数据

钢铁行业单位产品能耗限额国家标准应用指南/钢铁研究总院,中国钢铁工业协会编著.—北京:中国标准出版社,2010
ISBN 978-7-5066-5828-7

Ⅰ.①钢… Ⅱ.①钢…②中… Ⅲ.①钢铁工业-能量消耗-国家标准-中国-指南 Ⅳ.①TF-65

中国版本图书馆 CIP 数据核字(2010)第 096061 号

中国标准出版社出版发行
北京复兴门外三里河北街16号
邮政编码:100045
网址 www.spc.net.cn
电话:68523946 68517548
中国标准出版社秦皇岛印刷厂印刷
各地新华书店经销
*
开本 787×1092 1/16 印张 10.25 字数 240 千字
2010年6月第一版 2010年6月第一次印刷
*
定价 28.00 元

编委会名单

主　编　张春霞　郦秀萍

编　委　（按姓氏笔画排序）

上官方钦　干　磊　马光宇　王宝军

王海风　王淑贤　兰德年　闫振武

齐渊洪　张春霞　张曾蟾　李桂田

杨文彪　杨志忠　陈丽云　陈国强

周继程　郑文华　郦秀萍　黄　导

蒋汉华　谢治友　樊　波

前　言

21 世纪头 20 年我国将处于加速工业化和城镇化、走出低收入国家并向中等收入国家迈进的关键发展阶段。考虑到资源禀赋、环境承载能力等制约因素，我国在全面建设小康社会的过程中，如果按照传统的发展模式以大量消耗资源来实现工业化和城镇化，那将是不切实际的。为了实现全面协调、可持续的科学发展目标，缓解资源约束矛盾，根本出路在于调整经济结构，转变增长方式，降低工业化和城镇化进程中的资源消耗，走出一条以节约为本的新型工业化道路。为此，党中央、国务院将建设节约型社会列为构建和谐社会、全面建设小康社会进程中的一项长期战略任务，并将“节约资源”列为基本国策，这充分表明了党和政府对资源节约工作的高度重视。

建设节约型社会的重点，首在节能。《国民经济和社会发展第十一个五年规划纲要》中，明确提出了 2010 年单位 GDP 能耗比“十五”期末降低 20%左右的约束性节能指标；党中央、国务院已就“十一五”节能工作进行了一系列战略部署。钢铁、有色、电力、石油石化、化工、建材、交通运输等高耗能行业中重点耗能企业（年耗能 1 万 tce[1] 及以上）是能源消耗大户，历来是政府节能管理工作的重点。

为配合《中华人民共和国节约能源法》的实施，为淘汰落后工艺和设备提供能源消耗限额的依据，2006 年 7 月，在国家发改委的领导下，中国钢铁工业协会与钢铁研究总院专家共同开展“钢铁行业粗钢、焦炭、铁合金、炭素电极单位产品能耗限额标准及计算方法研究”项目的研究。此项目分为粗钢、焦炭、铁合金和炭素电极单位产品能耗限额四个部分。粗钢生产主要工序单位产品能源消耗限额已于 2007 年 12 月 3 日发布；焦炭单位产品能源消耗限额已于 2008 年 1 月 9 日发布；铁合金单位产品能源消耗限额已于 2008 年 1 月 9 日发布；炭素单位产品能源消耗限额已于 2008 年 1 月 21 日发布；且四项标准均已于 2008 年 6 月 1 日正式实施。

本指南分为粗钢生产主要工序单位产品能源消耗限额标准、焦炭

1)　tce 为吨标准煤的符号，1 tce＝29.307 GJ，下同。

单位产品能源消耗限额标准、铁合金单位产品能源消耗限额标准及炭素单位产品能源消耗限额标准四部分。扼要介绍了钢铁行业、焦炭行业、铁合金行业和炭素行业生产现状、标准制定的能源统计数据现状,详细地说明了标准指标及指标体系确定的原则、标准指标的取值原则与依据,重点介绍了标准的内涵,同时对标准实施过程中可能遇到的困难和应注意的问题提出了建议,最后对标准指标的计算给出计算实例,还汇集了与标准相关的政策法规和标准,对相关部门理解和应用及标准的有效实施有很好的指导和促进作用。

由于现有的能源统计数据覆盖面及某些方面的不确定性,标准指标取值只能基于现有条件,并配合相应的理论研究确定。在标准实施过程中,随着各企业能源计量和管理的改善和企业能源统计体系的改进,将会为标准的不断完善和修订提供更充分的依据。

在本指南的编写过程中得到了中国钢铁工业协会、中国铁合金工业协会和中国炭素行业协会的大力支持和积极配合,同时温燕明、王泰昌、程小矛、杨晓东等相关行业的专家对本指南提出了宝贵意见和建议,在此谨对他们的支持和帮助表示衷心的感谢!

编著者

2009 年 11 月

目　　录

附录

第一章
粗钢生产主要工序单位产品能源消耗限额标准

第一节 绪 论

一、标准编制的背景与目的

钢铁工业是我国国民经济的重要基础产业，是实现新型工业化的支撑产业，也是技术、资金、资源、能源密集型产业。

钢铁工业是能源消耗的大户，约占我国总能耗的10%～15%（图1-1）。2000年以后钢产量占全国钢产量80%左右的我国重点大中型钢铁企业的实际能源消耗约占全国总能耗的10%左右（剔除了二次能源重复计算，如焦炉煤气、高炉煤气、转炉煤气、焦炭、蒸汽等）。

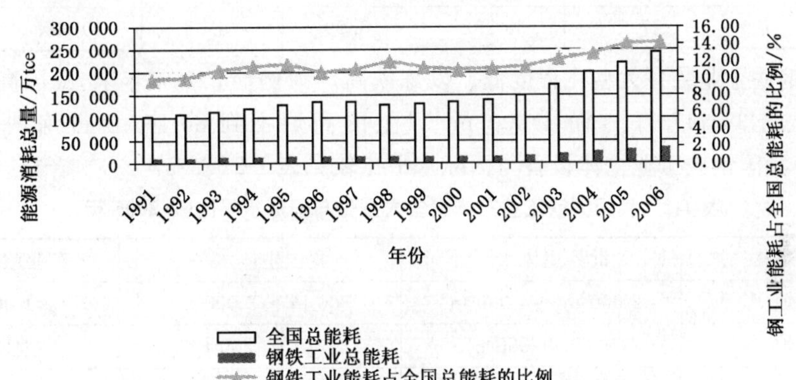

图1-1 中国钢铁工业能源消耗占全国能源消耗的比例
（2000年以后为重点大中型钢铁企业的数据，
2000年后的数据已剔除二次能源的重复计算）

20世纪90年代以来，我国钢铁企业的吨钢综合能耗逐年下降，从1990年的1 661 kgce/t[1)]下降到1999年的1 009 kgce/t，10年降低约40%，成绩突出。自2000年后到2005年，我国重点大中型钢铁企业的吨钢综合能耗下降180 kgce/t，5年降低能耗19.6%。

但是，近几年钢铁产量快速增长，钢铁行业发展的粗放型特征非常明显，特别是2003年之后，由于投资过热和无序发展形成的落后产能所占的比例不仅没有减少，反而有所加大。在国际钢铁业加快联合重组的同时，我国钢铁行业产业集中状况不仅没有改善，甚至

1) kgce为千克标准煤的符号，1 kgce=29.307 MJ，下同。

出现更加分散的倾向。

2003 年后,大型钢铁企业的钢产量的增长幅度低于中小型钢铁厂的增长幅度。中小型企业新增生产能力中,相当一部分属于落后装备。重点统计单位的增长幅度低于非重点单位。2005 年内新投产的高炉中,1 000 m^3 以上的有 15 座。按一座 1 000 m^3 以上高炉年产生铁 100 万 t 估算,15 座高炉年产铁能力为 1 500 万 t,而 2005 年生铁产量比 2004 年增加 7 265 万 t,新增生产能力中 1 000 m^3 以上的大型高炉的贡献不到一半。炼钢转炉的情况也相似,2005 年新投产的 100 t 以上转炉 25 座,按一座 100 t 转炉年产钢 120 万 t 计,100 t 转炉 25 座年产钢 3 000 万 t,而 2005 年钢产量比 2004 年增加 7 448 万 t,新增钢产能不到 2005 年新增钢的产能的一半(见表 1-1)。

表 1-1　2003 年～2007 年我国不同企业钢产量年增长幅度

年份	全国钢产量		重点企业钢产量			非重点企业钢产量	
	产量/万 t	增幅/%	产量/万 t	增幅/%	占全国钢产量的比例/%	产量/万 t	增幅/%
2003	22 234	22.0	18 580	13.41	83.57	3 654	98.73
2004	28 280	27.19	23 350	25.67	82.57	4 930	34.92
2005	35 239	24.61	27 884	19.42	79.13	7 355	49.19
2006	42 266	19.94	34 031	22.04	80.52	8 235	11.96
2007	49 490	17.09	38 792	13.99	78.38	10 698	29.91

我国钢铁企业装备大型化程度低。以炼铁高炉为例,到 2004 年末,我国高炉达上千座,生铁产能 38 117 万 t,而 1 000 m^3 以上的高炉不到 80 座,仅占炼铁总产能的 32.22%。我国钢铁工业主体设备与国际水平比较见表 1-2。

表 1-2　我国钢铁工业主体设备大型化与国际水平比较(2005 年)

设备	世界主体水平	我国主体水平	产业政策标准
高炉	2 000 m^3～4 999 m^3	300 m^3～3 000 m^3	≥1 000 m^3
转炉	200 t～350 t	20 t～200 t	≥120 t
电炉	100 t～200 t	20 t～100 t	≥70 t

我国钢铁企业约 800 多家,水平参差不齐,先进的和落后的差距巨大。2005 年全行业纳入统计的重点大中型钢铁企业产粗钢约占全国总量的 79.13%,其他中小企业产粗钢占全国总量的 20.87%,这一比例到 2007 年又略有下降,为 78.38%(见表 1-1)。据不完全统计,中小企业能耗与重点大中型企业比较,在能源消耗方面存在明显的差距(见表 1-3)。

表 1-3　2005 年重点大中型企业与中小企业能耗指标对比表　kgce/t

项目比较	吨钢可比能耗	焦化工序	烧结工序	炼铁工序	转炉工序	轧钢工序
重点大中型企业	714	142.21	64.83	456.79	36.34	88.52
中小落后企业	945	216	94	592	52	133
差距	+231	+73.79	+29.17	+135.21	+15.66	+44.48
相差比例/%	+32.35	+51.89	+44.99	+29.60	+43.09	+50.25
注:电力折算系数 0.404 kgce/(kW·h)。						

由表1-3可见，我国中小型企业的能耗指标相对落后，与重点大中型钢铁企业整体水平比较，存在30%以上的差距。若把这一因素考虑在内，我国钢铁工业全行业的能耗水平同国际先进水平比较，总体上大约存在15%左右的差距。

需要说明的是，近几年公布的吨钢能耗的统计数据只是重点大中型钢铁企业的情况，不能代表全国钢铁工业能源消耗的总体水平，而中小钢厂的能源指标的统计没有归属。今后国家应高度关注中小型钢铁企业（主要是非钢铁协会会员企业）的节能降耗问题，同时要加快钢铁行业淘汰落后的步伐。

我国是资源、能源不足的国家，政府高度重视节能工作并付诸实际行动。2005年底我国钢铁行业中落后产能约占总产能的30%左右。2005年7月国家发布的《钢铁产业发展政策》中规定，要尽快淘汰300 m^3 及以下小高炉，20 t及以下小转炉，20 t及以下小电炉等落后装备，并对新建设备提出了相应的规模要求。因此，为配合《钢铁产业发展政策》和新修订的《中华人民共和国节约能源法》的实施，特制定对钢铁工业发展起指导作用的粗钢生产主要工序单位产品能耗限额标准，该标准的实施将对淘汰落后、鼓励先进，推进钢铁工业的结构调整和提升钢铁企业节能工作的整体水平及促使我国钢铁工业健康发展具有重要的意义。

二、标准编制的工作过程

自2006年7月开始，标准编写委员会围绕原有钢铁行业能源消耗指标体系，做了大量的调研分析和现场考察，针对国内钢铁企业如首钢、宝钢、鞍钢、武钢、唐钢、济钢、沙钢、马钢、莱钢等企业的实际情况，就单位产品能耗指标的计算、界定范围和现有能耗水平等与企业做了深入讨论和研究。并开展了国外文献调研和数据分析，涉及的资料主要有日本、德国和韩国等先进的钢铁生产国家的钢铁工业能源消耗、节能技术普及率等进展，以及国际钢铁工业协会公布的能源消耗数据等。

在此基础上，基于对近10年我国重点大中型钢铁企业的能耗统计数据进行分类整理、分析，比较，分析了国内外能源消耗的差距和我国钢铁企业节能技术的进展，为提出限额指标值奠定基础。

2006年8月底提出了能源消耗限额标准的设想和方案，与行业的部分能源专家座谈，确定了限额标准的几个工序及能耗指标取值。9月中旬在宝钢召开了由500万t以上规模钢铁企业能源处长参加的“能源指标体系完善座谈会”，会上讨论了能耗指标体系并征求了对限额标准初稿的意见。

2006年10月中旬在全国钢铁行业环保节能年会上汇报，听取了参会的近百家钢铁企业的意见，修改、完善标准草稿，同时得到认可的有标准解释稿和粗钢产品定额标准的研究报告，现有设备的能耗限额、新建设备的准入和目标值的设想等。

2006年11月29日，向国家发改委环资司、国家标准化管理委员会工业交通部和全国能源基础与管理标准化技术委员会汇报标准工作进展和结果。

2006年12月10日，形成限额标准征求意见稿。向钢铁企业和有关专家发出征求意见稿，广泛征求的意见。并于2006年12月15日，召开了钢铁企业代表和有关专家参加的限额标准征求意见稿研讨会。

与会专家及企业代表就标准规定的工序单位产品能耗的计算范围、标准的格式和相关内容的细化等提出了宝贵的意见和建议，如烧结工序、高炉工序能耗计算范围细化及二次能源回收指标(目标)提高等，在此基础上形成了标准意见汇总处理表，为本标准的完善奠定了基础。

2006 年 12 月 20 日，根据钢铁企业和有关专家的意见修改征求意见稿，形成送审稿，报送国家标准化管理委员会。

2007 年 1 月 30 日，由国家发改委环资司、国家能标委组织召开了《粗钢生产工序单位产品能源消耗限额》国家能效标准审定会，对本标准的送审稿给予了充分肯定，并提出了具体的修改意见，在此基础上形成了报批稿。

2007 年 6 月，按国家发改委要求，在限额标准的指标值中增加电力折算系数为当量值 0.122 9 kgce/(kW·h)时的指标值。以上过程详见图 1-2。

2007 年 12 月 3 日，标准发布。

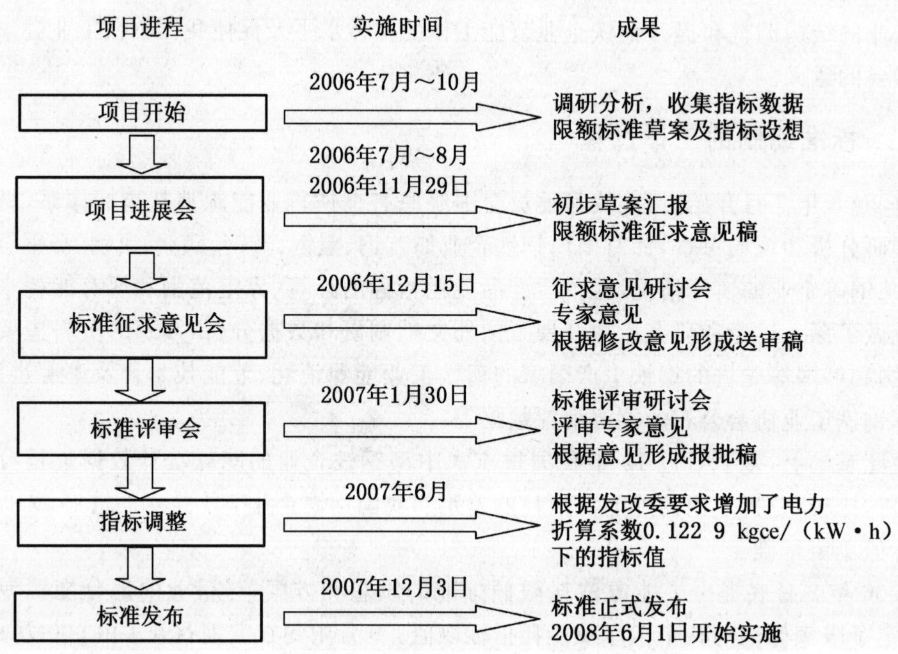

图 1-2 标准编制工作过程

第二节 标准指标的确定

一、能耗限额指标的选取

我国钢铁企业能源指标常用的主要有综合能耗指标(吨钢综合能耗、吨钢可比能耗)、工序区段性指标(工序单位产品能耗)和经济性指标三类，这几个能耗指标中用哪类作为能耗限额指标合适，标准编写组进行了系统比较和研究(见表 1-4)。

表 1-4　我国钢铁企业常用的能源指标

指标类别	详细内容	使用频率	问　题	完　善
综合性指标	吨钢综合能耗	常用	• 生产流程、产品结构、原燃料结构不同的企业之间不可比	保留，强调不可比性
	吨钢可比能耗	常用	• 精炼比增加和轧钢工序延伸等的变化，导致按原有的计算方法已不可比	暂未完善、出台
	企业能源亏损量	常用	• 能源亏损统计不规范，将企业级能源损失分摊到各工序消耗中	保留
工序区段性指标	焦化工序能耗	常用	• 统计范围随意变化； • 精炼工序和连铸含在转炉（或电炉工序中），不好比； • 冷轧比增加后，轧钢工序能耗可比性下降	• 完善和规范界定统计范围（见 GB 21256—2007 和 GB 21342—2008）； • 将精炼和连铸从转炉工序和电炉工序分离出来作为两个独立的工序； • 将原来的轧钢工序分为热轧工序、冷轧工序和产品深加工工序
	烧结工序能耗	常用		
	高炉炼铁工序能耗	常用		
	转炉工序能耗	常用		
	电炉工序能耗	常用		
	轧钢工序能耗	常用		
经济性指标	万元总产值能耗	有时	• 价格发生变化时，此指标不可比	
	万元增加值能耗			新增

1. 第一类：综合性指标

(1) 吨钢综合能耗

定义：指报告期内，企业能源消耗的总量与同期的钢产量之比；即每生产一吨钢，在企业内（或行业）消耗的能源量。统计范围包括企业生产流程的主体生产工序（包括原料储存、焦化、烧结、球团、炼铁、炼钢、连铸、轧钢、自备电厂、制氧厂等）、厂内运输、燃料加工及输送、企业亏损等的消耗能源总量。

吨钢综合能耗按下列公式计算：

$$吨钢综合能耗=\frac{企业自耗能源量}{企业钢产量}$$

式中，企业自耗能源量即报告期内企业自耗的全部能源量。

$$\begin{aligned}企业自耗能源量&=企业购入能源量\pm库存能源减增量-外销能源量\\&=企业各部位耗能量之和+企业能源亏损量\end{aligned}$$

吨钢综合能耗指标的变化，只反映本企业能耗水平的进退，企业间是不可比的。如钢铁联合企业里，有的有矿山，如鞍山、太钢等，有的则没有，如宝钢等；多数企业有焦化厂，并可以达到焦炭自给，如宝钢；少数企业则没有焦化厂或焦炭生产能力不够，需要外购一定量的焦炭。有的企业不仅有热轧、还有冷轧、涂镀层等深加工工序，而多数企业一般只到热轧、甚至有的只到连铸，不一而足，这就造成了吨钢综合能耗先天不具备可比性的特点。

如果将 2005 年中国钢铁工业协会（以下简称钢协）会员中普钢企业按吨钢综合能耗指标排序，就可明显地看出不可比的问题（见图 1-3 和表 1-5）。

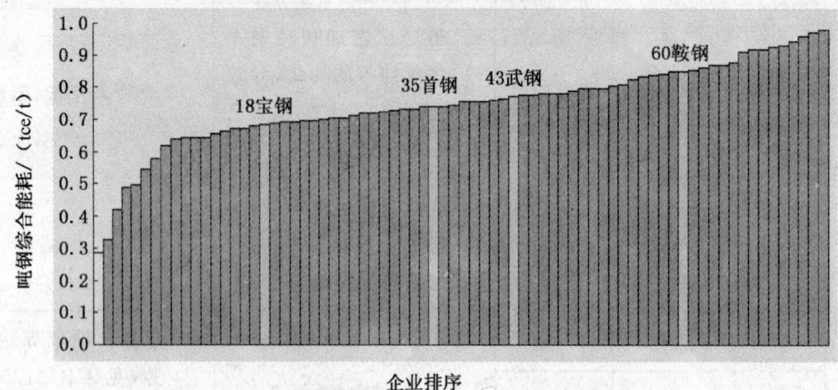

图 1-3　按吨钢综合能耗大小企业排序（2005 年）

表 1-5　2005 年不同企业的吨钢综合能耗比较

序号	企业名称	钢产量/万 t	钢材产量/万 t	能源消耗总计/万 tce	吨钢综合能耗/(kgce/t)
合计（会员企业平均）		26 243.94	23 208.21	19 427.68	741.05
1	A	139.89	131.15	76.06	543.72
2	B	336.96	348.07	192.15	570.24
3	C	200.01	47.83	120.04	600.19
4	D	300.37	282.76	181.61	604.6
5	E	1 045.95	771.84	645.45	617.09
6	F	337.21	186.09	214.32	635.58
7	G	170.00	150.74	110.67	651.00
8	H	300.07	298.73	198.12	659.87
9	I	112.50	61.89	74.29	660.24
…	……	……	……		
15	O	1 042.47	560.92	698.48	670.03
…	……	……	……	……	……
18	R	1 411.36	1 399.5	959.39	679.76
…	……	……	……		
43	AQ	1 038.49	951.3	798.4	768.81
…	……	……	……	……	……

由图 1-3 和表 1-5 可见，按吨钢综合能耗大小进行排序，出现了国内生产技术水平和能耗水平较好的宝钢、武钢等企业的排名却并不先进的尴尬情况。而国际钢铁业公认宝

钢是能源利用效率高的国际先进企业。

而比较图 1-3 和表 1-5 中吨钢综合能耗排序在前的几个企业可以发现：

第一，从其生产实际情况来看，无论是装备水平，还是产品品种方面，宝钢、武钢等企业都是国内先进的，而按吨钢综合能耗排序时，宝钢、武钢却排在后面。如排序第一的德龙钢铁公司具有产钢 200 万 t，钢材 200 万 t（线材 100 万 t、中宽带钢 100 万 t）的生产能力，生产设备多是小型化的设备，如高炉有 300 m^3 高炉，甚至还有产业政策要求淘汰的 100 m^3 高炉一座，其产品只到热轧，没有深加工，还缺焦化工序等配套工序，这些是其综合能耗低的主要原因。

第二，按吨钢综合能耗排序，前八位的钢厂多数是钢产量远大于钢材产量的，这说明这些钢厂的产品一部分只到铸坯就结束了（热轧配套不全），如排名第三的山西新临钢，钢材产量只有钢产量的 23.9%，且其钢材产品主要为螺纹钢筋、小型材等低端产品，因此，其吨钢综合能耗要与宝钢、武钢等主要生产板材、具有冷轧、涂镀层等深加工高端产品的企业相比应该低很多，因为深加工越多耗能越大。按国内水平，冷轧工序（含涂镀层）的能耗超过 170 kgce/t，如果是武钢的取向硅钢其冷轧能耗更高。

此外，电炉钢比大小也是影响吨钢综合能耗的重要因素，电炉（短）流程的能耗仅是高炉—转炉（长）流程的一半左右，因此电炉多的钢厂吨钢综合能耗要低，如表 1-5 中排名第 5 的电炉钢的比例高达 39.1%，与一般长流程的钢铁联合企业不同；其次其主要产品为热轧板卷、高速线材、带肋钢筋，只到热轧工序，与具有冷轧、涂镀层工序的深加工比例高的企业也不是一类的，基本没有可比性。

不仅国内企业间吨钢综合能耗不可比，而且国际间也不具可比性（见表 1-6）。

由表 1-6 可见，日本新日铁与 JFE 及韩国 POSCO 都是世界较先进的钢铁企业，但从综合能耗的比较来看，并不是钢铁生产技术先进能耗指标就一定先进。

表 1-6　国际先进钢铁企业吨钢能耗指标

年份	日本住友金属	日本新日铁	日本 JFE	韩国 POSCO	芬兰拉赫	宝钢
2005	764	751	819	726	647	679
2006	765	738	795	—	631	—
2007	769	731	786	—	651	—

注：数据来源于住友金属《Annual Report Environment Volume》2002～2005；《Nippon Steel sustainability Report》2001～2008；《JFE Group Environmental Sustainability Report》2003～2008；POSCO《Sustainability Report》2001～2007；《Raahe Steel Works Environmental Report》2006～2007。

由此可见，由于存在流程不同、工序完整性和深加工程度不同等各种原因，以吨钢综合能耗进行企业能耗比较与排序是不合理的，也是不科学的。吨钢综合能耗指标不适合企业间进行能耗比较，因此不宜将吨钢综合能耗作为能耗限额指标。

(2) 吨钢可比能耗

定义：是指钢铁企业每生产一吨粗钢，从炼焦、烧结（含球团）、炼铁、炼钢直到企业最终钢材配套生产所必须的耗能量及企业燃料加工与运输、机车运输能耗及企业能源亏损所分摊在每吨粗钢上的耗能量之和。不包括钢铁工业企业的采矿、选矿、铁合金、耐火材料制品、炭素制品、煤化工产品及其他产品生产、辅助生产及非生产的能耗。

吨钢可比能耗特别强调"配套"生产吨钢这一口径，目的是消除企业生产构成差异（不完全工序）对能耗的影响，如企业购入或外销焦炭、生铁时，在计算吨钢可比能耗的过程中应将这部分生产能耗补入或扣除，以符合"配套"的原则。

需要说明的是：

1）吨钢可比能耗主要对钢铁联合企业，即炼焦、烧结、炼铁、炼钢、轧钢等长流程企业设计的指标；对电炉流程应单独比较。

2）但忽略了生产主流程以外的情况（如采矿、选矿、铁合金等），仅是企业的主要工序配套流程的能源消耗情况，不是企业的实际耗能情况。

3）当时该指标是为进行能耗水平对比设置的，实际上是各工序能耗的某种迭加，未考虑到轧钢等深加工发展的不同，在随后 20 多年的使用中出现很多不可比的因素，特别是轧钢工序，当时生产流程多数只是到热轧，现在不仅分出热轧、冷轧，甚至还有镀层、涂层等多道深加工序，而可比能耗指标没有规定是界定到热轧还是到冷轧，还是包括涂镀层等全部，由于没有统一的界定范围，各企业报的吨钢可比能耗数据也很混乱；此外，随着钢材产品深加工的需要，铁水预处理及钢的二次精炼的比例也越来越高，其能耗也逐渐增加，也有单独分裂出为一个工序的考核其能耗的趋势。

4）可比能耗计算过程比较复杂，中间计算过程中的系数变化多，可核查性差。

由于以上原因和多年来各企业在能源统计上的调整，可比能耗不可比的问题（现象）越来越突出。如按可比能耗进行企业间能耗比较（见表 1-7），首先看到，企业按吨钢可比能耗的排序与按吨钢综合能耗的排序（见表 1-5）是不一样的，其次是先进的企业如宝钢的排序更靠后，再者还出现吨钢可比能耗高于吨钢综合能耗的现象。结果仍是尴尬的。

表 1-7　2005 年不同企业的吨钢可比能耗比较

排序号	企业名称	吨钢可比能耗/(kgce/t)
合计（会员企业平均）		714.12
10	A	597.12
9	B	597.5
8	C	586
3	D	665.13
27	E	652.5
5	F	626
65	G	901
21	H	783.1
61	I	911
…	……	……
34	O	677.35
…	……	……
24	R	650
…	……	……
15	AQ	733.86
…	……	……

一般工序比较全的情况下，吨钢综合能耗要比可比能耗高(如宝钢、武钢等)，但是这几年也出现了像A、B、H和O等企业吨钢综合能耗反比吨钢可比能耗低的情况。以O企业(见表1-7中第34位)为例，由于2005年扩大生产规模，铁和钢的能力不匹配，外购了大量的铁水或生铁块，外购的铁水或生铁的能耗是不计算在吨钢综合能耗内的，而吨钢可比能耗则要配套加上，因此造成吨钢综合能耗指标(670.03 kgce/t)低于吨钢可比能耗(677.35 kgce/t)。而到2006年铁、钢能力基本匹配了(都是自己生产了)，吨钢综合能耗又高于2005年了，这并非说明其能源利用水平低了，而是原来外购部分的铁水由自己生产了，实际能耗就高了。所以，如果非让其在2005年的基础上吨钢综合能耗下降是不现实的。

因此，若以现有的吨钢可比能耗作为能耗限额标准的指标也是不科学的。

2. 第二类：工序单位产品能耗

钢铁工业工序对于钢铁联合企业而言是流程的组成部分，工序的产品为下一道工序的原料，但对于独立企业而言，如独立炼焦企业、独立炼铁企业及独立炼钢企业等，工序的产品也是最终产品，其能耗也即为产品能耗。这是钢铁工业所特有的特点。对于不同的钢铁企业，基本上都有炼焦、烧结、炼铁、转炉炼钢、电炉炼钢中的某个环节，目前，除轧钢外，这些工序的产品能耗在明确的界定范围内是相对可比的。

工序能耗能直观反映企业各工序能源消耗情况，是企业间相对可比的能耗指标。目前从国家明令限止或淘汰落后的要求来看，主要是限止或淘汰小焦炉、小烧结机、小高炉或小转炉、小电炉等落后的工艺及设备，即限止或淘汰是针对工序能耗设备的。此外，从钢铁制造流程能源水源情况分析，钢铁生产流程钢前制造流程消耗的能源约占钢铁制造流程总能耗的80%左右。

因此，选定的几个工序已经涉及到钢铁企业的大部分能源消耗，同时所涉及工序的行业的能源消耗资料也比较详实，而且先进企业的能耗水平明显优于其他企业(见表1-8)。

表1-8 2005年我国钢铁企业主要工序单位产品能耗与国际先进水平对比 kgce/t

项目	烧结	炼铁	转炉	电炉	轧钢1)
重点企业平均水平	64.83	466.2	36.34	201.02	88.52
国内先进水平	54.68(首钢)	396.7(宝钢)	−2.7(宝钢)	135.9	52
国际先进水平	57	438	−8.8	198.6	128

注：1 我国钢铁企业主要工序单位产品能耗的电力折算系数为等价值[0.404 kgce/(kW·h)]。

2 转炉工序能耗由于有的企业只计转炉本身能耗(可达负能炼钢)，有的企业不仅包含转炉，还包含精炼和连铸的能耗，因此统计口径差异较大。

1) 轧钢工序能耗，国内与国外的内涵是不一样的，国外包括热轧约47.80 kgce/t，冷轧约80.23 kgce/t。而国内的轧钢能耗基本只有热轧，冷轧比和深加工程度低，所以不可比。仅从表中的数据不能说明国内的轧钢工序能耗比国外低。因为。正在组织研究。

(4) 小结

总之，从限额标准的作用看，主要是限止或淘汰落后的工艺及设备。而从淘汰落后的角度看，淘汰的是落后的工艺设备，一般不是整个钢厂(除非该厂全是落后装备)和流程。用工序的单位产品能耗才能针对性地衡量某个设备或装置的能耗水平，限制其生产或新建。因此，本次制定粗钢生产单位产品能耗限额标准，以可比性相对较强和具有可核查性的工序能耗作为限额标准的指标是科学、合理的。

考虑到工序能耗的可比性和数据可获得性，本标准首批选定的单位产品能源消耗限额标准的工序是钢前工序，钢铁生产流程中其能源消耗占总能耗的比例约80%左右，具体有烧结工序、高炉炼铁工序、转炉工序和电炉工序。标准中选定的工序，其能耗的计算范围在原钢铁企业沿用的能耗指标体系的基础上，作了明确的说明。

对于粗钢后续工序的考虑与说明：

1）由于目前精炼、连铸、热轧及冷轧工序界定和数据统计仍不规范，因此其工序能耗指标缺乏数据支撑，标准暂未将其纳入。

2）因此今后的重点是逐步规范并纳入独立工序能耗统计指标体系中，待有一定的数据基础后，考虑完善标准的指标体系。

二、能耗限额指标分类

在标准的研究过程中，课题组提出了按照现有设备和新建设备分别制定限额值的想法，同时提出努力的目标值。这一设想在2006年11月29日，向国家发改委环资司、国家标准化管理委员会工交部和全国能标委汇报时得到认可，并推荐其他行业的标准按此思路制定标准。并在出台的22个能源限额标准中采纳。

因此，标准所规定的各工序单位产品的能耗限额值分别有三类：一是限额限定值，将作为淘汰落后装备和工艺的依据；二是限额准入值，即为规范新建项目（设备）的能耗水平而设；前两个是强制标准。第三是限额先进值，即设定为今后的努力目标；同时还基于国际先进水平提出了粗钢生产工序主要能源回收量的目标值，充分体现了余热、余能利用和节能挖潜的思想，也是为了鼓励钢铁企业在各生产工序配备先进的节能设备，最大限度地回收工序产生的能源。

三、能耗限额指标值的确定

为了贯彻《钢铁产业发展政策》和国家淘汰落后的有关精神，在确定能耗限额指标值时，该标准遵循如下原则：

1）对粗钢生产流程中各主要工序单位产品能耗限额限定值取值大致是按照淘汰现有产能中20%～30%左右的落后产能考虑的。

2）粗钢生产流程中主要工序单位产品能耗限额准入值是根据产业政策规定的新建设备装备规模按照较好的水平来确定的。

3）粗钢生产流程中各主要工序单位产品能耗的限额先进值依据2005年及之前国际先进水平确定的。

4）所有取值是按2005年的环保设施运行水平估计的。考虑到将来环保设施增加和完备将引起能耗增加，而目前缺乏相应的统计数据，在研究报告中将这一因素列为不确定性因素加以分析。

1. 烧结工序单位产品能耗

（1）定义

报告期内，烧结工序每生产一吨合格烧结矿，扣除本工序回收的能源量后，实际消耗的各种能源总量。

烧结工序能耗按下列公式计算：

$$烧结工序能耗=\frac{烧结工序消耗的能源量-回收的能源量}{报告期内合格烧结矿的产量}$$

式中：

烧结工序消耗的能源量——报告期内烧结工序消耗的所有能源折标准煤量。

回收的能源量——报告期内烧结工序回收自用和外供的能源折标准煤量。

需要强调的一点是烧结工序能耗的单位应该是以吨烧结矿计，而不是吨矿石或吨钢。这是由于烧结工序能耗是烧结工序单位产品的能源消耗，烧结工序的产品是烧结矿，因此烧结工序能耗就是每吨烧结矿的能源消耗。

(2) 烧结工序的功能

烧结过程的基本原理是将有用的矿物粉末(含铁原料、熔剂、燃料和返矿等)按一定配比进行配料，并配以适当的水分，经混匀制粒后铺到烧结机的台车上，烧结料经表面点火以后，在下部风箱的强制抽风的作用下，料层内的燃料自上而下燃烧并放热，混合料在高温作用下发生一系列物理、化学变化，并产生一定的液相，随着料层温度降低冷却，液相将矿粉颗粒固结成块，这个过程称为烧结。

随着烧结工艺和节能及环保技术的进步，烧结工序由原来的单一造块功能，扩展为多个功能，总结如下：

1) 造块功能

烧结工序的主要任务是将铁矿粉进行造块，并调整颗粒尺寸和性质，为高炉冶炼提供优质的人造富矿，该功能仍是烧结工序的主要功能。

2) 废弃物消纳处理和再资源化功能

烧结工序可以回收利用多种含铁废弃物，例如高炉粉尘、转炉粉尘、难处理的转炉渣、氧化铁皮等厂内固体废弃物，还可以利用化工工业硫酸渣等社会含铁废弃物。目前烧结工序已实现了固体废弃物的再资源化功能，形成含铁物料的有效循环，提高了资源利用率。

3) 能源转换功能

烧结混合料中的燃料经过煤气点火以后，产生大量的热量，这部分热量除了保证混合料产生足够的液相外，仍有大量的剩余热量，主要以废(烟)气显热和烧结矿显热的形式存在，据日本某钢铁厂热平衡测试数据表明，烧结机的热收入中烧结矿显热占28.2%、废气显热占31.8%。由此可见，这两部分的余热占烧结机热收入的60%左右，因此这部分显热的回收利用是烧结厂余热回收工作的重点。目前，烧结余热回收利用的方式主要有以下四种：

(i) 用于预热助燃空气，降低点火煤气消耗，或者进行热风烧结，降低固体燃料消耗和改善烧结矿质量；

(ii) 将排气直接用于预热烧结混合料，以降低固体燃料消耗；

(iii) 利用余热锅炉产生蒸汽或提供热水，直接利用；

(iv) 将余热锅炉产生的蒸汽，通过透平转换成电力。

通过烧结余热回收利用的方式可以总结，烧结工序的能源转换功能主要体现在将点火煤气和燃料的化学热转换为烧结料生成液相需要的热量和烧结废气的显热及烧结矿的显热，而烧结废气和烧结矿的显热通过技术手段转换为热风、蒸汽、电能等。

4）脱硫功能

烧结过程中来自铁矿粉和燃料的硫，在高温、氧化性气氛下，发生分解、氧化反应，最终大部分以气态 SO_2 的形式被脱除，减轻了炼铁和炼钢的硫负荷，提高了冶炼的技术经济指标，烧结生产的脱硫率可达85%左右。

表1-9为1980年～2005年我国钢铁企业烧结生产工序能耗的变化。2000年以后仅为重点大中型企业的统计值。可见，随着烧结工艺技术的进步和二次能源回收技术的应用，烧结工序单位产品能耗逐年下降，与国外先进的烧结工序单位产品能耗相比，相差10%左右，但我国国内先进水平与国外相当(见表1-10和表1-11)。

表1-9　1980年～2005年中国钢铁企业烧结生产工序单位产品能耗变化

年　份	1980	1985	1990	1995	2000	2001	2002	2003	2004	2005
烧结工序能耗/(kgce/t)	99	85	77	78	68.90	68.60	67.07	66.42	66.38	64.83
注：2000年以后仅为重点大中型企业的统计值。										

表1-10　我国钢铁企业烧结工序单位产品能耗与国际先进水平比较

国　别	日本(2004年)	韩国浦项(2003年)	台湾中钢(2003年)	IISI[1)](1998年)	国际先进	国内先进首钢(2003)	中国重点大中型企业(2005年)
烧结工序能耗/(kgce/t)	53～56.4	光阳厂63.45 浦项厂59.75	63.47	65.2	53～63.5	53	64.83
1)　IISI为国际钢铁协会(2008年10月更名为WSA-World Steel Association)。							

表1-11　2005年国内外烧结工序单位产品能耗水平比较

项　目	重点企业平均	国内先进	国内落后	国际先进(2004年)
烧结工序能耗(kgce/t)	64.83	54.68	89.87	53

根据钢协统计和调研情况，将我国钢协会员企业的烧结工序单位产品能耗排序于表1-12。在确定烧结工序能耗限额时，也考虑过是否需要按烧结机烧结面积大小分成几档，但是由于目前缺乏各单机面积及其能耗的详细数据(表1-12中的数据实际是各种烧结总的平均能耗)，因此，本次只对包头稀土矿做了特殊处理，即若原料稀土矿比例每增加10%，烧结工序能耗增加1.5 kgce/t，其他都同等考虑。

表1-12　2005年我国钢铁企业烧结工序单位产品能耗

企业序号	烧结设备情况	工序单位产品能耗/(kgce/t)	备　注
钢铁企业小计	—	64.83	
1	—	43.41?	计量、统计口径或折算系数有问题

续表 1-12

企业序号	烧结设备情况	工序单位产品能耗/(kgce/t)	备　注
2	186 m^2/4 台	49.04?	口径问题
3	276 m^2/5 台	54.67	
4	380 m^2/4 台	54.68	先进值≤55
5	270 m^2/5 台	55.20	
6	—	55.77	
7	1 260 m^2/4 台	56.20	
8	148 m^2/4 台	56.44	
9	163 m^2/5 台	56.57	
10	309 m^2/6 台	57.24	
11	1 610 m^2/8 台	57.37	
12	128 m^2/5 台	58.57	
13	300 m^2/4 台	58.68	
14	1 260 m^2/14 台	58.76	曾达到 53
15	100 m^2/2 台	59.76	准入值≤60
16	223 m^2/3 台	60.50	
17	—	60.51	
18	1 350 m^2/3 台	60.55	
19	525 m^2/4 台	60.64	
20	185 m^2/4 台	60.65	
21	853 m^2/6 台	61.24	
22	60 m^2/3 台	62.31	
23	158 m^2/4 台	62.90	
24	240 m^2/3 台	62.97	
25	1 093 m^2/8 台	63.00	
26	390 m^2/3 台	63.82	
27	391 m^2/10 台	64.00	
28	195 m^2/3 台	64.36	
29	120.4 m^2/4 台	64.50	
30	673 m^2/5 台	64.58	限额值≤65
31	—	65.39	
32	—	65.51	

续表 1-12

企业序号	烧结设备情况	工序单位产品能耗/(kgce/t)	备　注
33	700 m^2/8 台	66.69	
34	52 m^2/1 台	67.05	
35	—	67.17	
36	—	68.15	
37	186 m^2/4 台	68.24	
38	102 m^2/3 台	68.26	
39	345 m^2/3 台	68.44	
40	296 m^2/4 台	68.77	
41	—	69.35	
42	192 m^2/3 台	69.66	
43	—	70.51	
44	685 m^2/3 台	70.75	
45	—	71.57	
46	—	71.62	
47	525 m^2/3 台	71.67	
48	96 m^2/4 台	72.14	
49	84 m^2/3 台	73.27	
50	72 m^2/2 台	73.53	
51	—	74.67	
52	92 m^2/3 台	74.91	
53	—	75.07	
54	48 m^2/2 台	75.11	
55	114 m^2/2 台	75.70	
56	66 m^2/3 台	76.18	
57	—	76.26	
58	1 373 m^2/16 台	76.75	
59	97 m^2/3 台	78.00	
60	222 m^2/5 台	78.53	
61	131 m^2/3 台	78.84	小烧结机多
62	720 m^2/6 台	79.39	特殊:原料稀土矿比例约50%,扣除此因素后约70 kgce/t,且没有余热回收。

续表 1-12

企业序号	烧结设备情况	工序单位产品能耗/(kgce/t)	备　注
63	—	84.09	
64	—	85.69	
65	—	85.89	
66	—	89.87	
67	28 m^2/1 台	—	落后设备
68	54 m^2/2 台	—	落后设备
69	60 m^2/3 台	—	落后设备
70	—	—	

由于目前能源统计系统比较薄弱，对烧结工序单位产品能耗计算的界定范围有些混乱，加上能源计量和能源折算系数选取的随意性对分析造成了一些影响。因此，分析中将表 1-12 中个别特殊的数据剔除，根据历年该厂的水平来衡量。

综合以上分析和与钢铁企业的有关专家讨论，最终确定烧结工序单位产品能耗指标见表 1-13。

表 1-13　烧结工序单位产品能耗限额指标

工　序	限额限定值	限额准入值	限额先进值
烧结工序能耗/(kgce/t)	65	≤60	≤55

注：1　电力折标准煤系数采用等价值 0.404 kgce/(kW·h)。

2　若原料稀土矿比例每增加 10%，烧结工序能耗增加 1.5 kgce/t。

将表 1-13 的结果标注在表 1-12 的排序表上可见，烧结工序单位产品能耗高于限额限定值 65 kgce/t 的有不少企业。这说明两个问题：

在 30 位以后的这些企业中，大多是有小于 50 m^2 的烧结机，同时烧结余热回收几乎没有，造成其烧结工序单位产品能耗高；

这些企业 2005 年的烧结工序单位产品能耗高，并非都要淘汰。一部分(如能耗在 65 kgce/t～70 kgce/t 的第 39 名、第 32 名、第 33 名)只要工艺稍做改善，并考虑烧结余热回收，基本上能低于限额限定值。而另外一部分必须淘汰其中落后的小烧结机，如第 48 名、第 49 名和第 54 名等，必须淘汰其中的小烧结机，否则难以满足限额条件。从这个意义上来说，此限额限定值的制定将对加速落后设备的改造和淘汰起到推动作用。

2. 高炉工序单位产品能耗

高炉冶炼的主要目的是用铁矿石经济而高效地得到温度和成分合乎要求的液态生铁。为此，一方面要实现矿石中金属元素(主要是 Fe)和氧元素的化学分离——即还原过程；另一方面，还要实现已被还原的金属与脉石的机械分离——即熔化与造渣过程。最后控制温度和液态渣铁之间的交互作用得到温度和化学成分合格的铁液。全过程是在炉料自上而下、煤气自下而上的相互紧密接触过程中完成的。低温的矿石在下降过程中被煤气由外向内逐渐夺去氧而部分还原，同时又自高温煤气得到热量。矿石升到一定的温度界限时先软化，并与焦炭反应进一步还原，后熔融滴落，实现渣铁分离。已融化的渣铁之间及与固态焦炭接触过程中，发生诸多反应，最后调整铁液的成分和温度达到终点。总之，高炉冶炼的全过程可以概括为：在尽量低能量消耗的条件下，通过受控的炉料及煤气流的逆向运动，高效率地完成还原、融化、造渣、传热及渣铁反应等过程，得到化学成分与温度较为理想的液态金属产品。

综上所述，高炉工序的主要功能包括：

(1) 氧化矿物的还原和渗碳器

由于原料处理技术的不断进步，炼焦技术和喷煤技术的发展，热风系统的不断改进，特别是高炉大型化技术和一代炉役寿命的不断提高，高炉可以说是迄今为止的氧化矿物最高效率的还原装置。另外由于高炉还原过程中焦炭料柱的不可取代性及其高温过程顺行的要求，高炉冶炼过程中的氧化物还原过程总是伴随着不同程度的铁水渗碳作用。

(2) 液态金属发生器和连续供应器

高炉是钢铁生产流程中，第一个以氧化矿物为铁素源生产出液态金属的工序环节，是转炉炼钢赖以存在的基础。高炉还原出铁水的方式是连续的，特别是一代炉役寿命的延长以及大型高炉多出铁口技术的开发，使高炉作为铁水连续供应器的功能得到更为充分的展现，而且时限更长。

(3) 能量转换器

高炉冶炼过程伴随巨大的能源消耗和能量转换过程，其特点是将焦炭、煤粉等化学能源转化为高炉产出物(包括铁水、炉渣、煤气等)的物理显热和化学能。随着高炉炉顶煤气余压发电技术(TRT)的开发应用和其他余热、余能回收利用技术的实施，高炉作为能量转换器的功能愈显突出。

(4) 冶金质量调控器

高炉冶炼过程对产品的冶金质量有显著影响，主要体现在铁水含硫量、含硅量的控制和出铁温度的控制，高炉热铁水的质量对于钢铁产品冶金质量的调控而言，起着重要的基础作用。

炼铁方法中除了高炉炼铁技术以外，还有熔融还原炼铁技术和直接还原炼铁技术等非高炉炼铁技术，但是高炉炼铁技术已有数千年的发展历史，现在已是一个比较成熟、先进的生产工艺流程，除了有上述多种功能外，尤其在能源利用方面也比熔融还原炼铁技术和直接还原炼铁技术具有极大的优势。

炼铁学原理表明，铁矿石的直接还原是吸热反应，而间接还原则是放热反应。炉料在高炉内约有 50%是进行的间接还原反应，因此，高炉炼铁比直接还原工艺消耗的能源少。高炉内的焦炭有少部分转换为高炉煤气，热风炉的热风热量是依靠 45%左右的高炉煤气获得的，而非高炉炼铁需要另外建设专门的造气装置，并且煤在转换为还原气过程中有较多的能量损失，并且投资和运行费用较高。因此，与非高炉炼铁技术相比，高炉炼铁能耗和成本均较低。

高炉工序单位产品能耗统计范围包括高炉工艺生产系统(原、燃料供给、煤粉制备系统、高炉本体、热风炉、渣铁处理和煤气系统、高炉鼓风等)、辅助生产系统(炼铁分厂和车间所管辖的机修、化验、计量、环保等)和生产管理及调度指挥系统，以及余能回收系统等消耗的能源量，扣除工序回收的能源量。

高炉炼铁的工序能耗一般在 370 kgce/t～500 kgce/t 的范围内。

对 1980 年～2005 年，特别是 1990 年以来的高炉炼铁工序能耗的变化（见表 1-14 和图 1-4）和国际先进的指标（见表 1-15 和表 1-16）对比可见，近十几年来，高炉工序能耗下降约 10％，2001 年～2002 年达到比较好的水平，而后几年由于产能扩张，小高炉增加多，另外原燃料条件恶化，造成高炉工序单位产品能耗增加。但是，我国宝钢高炉炼铁工序单位产品能耗仍为世界领先水平（396 kgce/t）。

表 1-14　1980 年～2005 年高炉炼铁工序单位产品能耗变化

年　份	1980	1985	1990	1995	2000	2001	2002	2003	2004	2005
炼铁工序能耗/(kgce/t)	531	514	509	499	466.07	448.6	455.13	464.68	466.20	456.79

注：1　2000 年以后的数据为重点大中型企业。
　　2　电力折算系数取等价值。

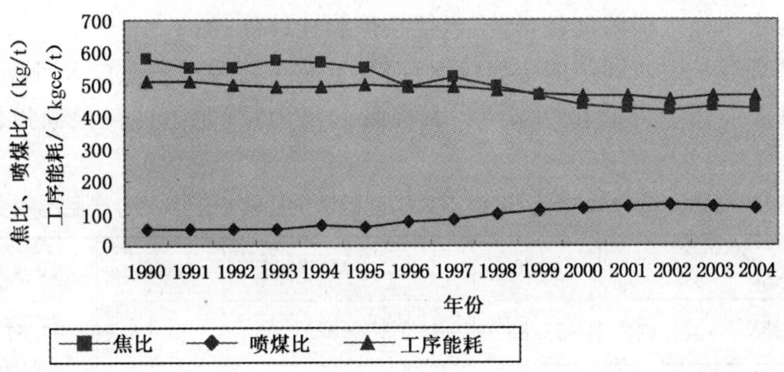

图 1-4　1990 年～2005 年我国高炉焦比、喷煤比和工序能耗的变化

表 1-15　国内外高炉工序单位产品能耗对比

国　别	日本（2004 年）	韩国浦项（2003 年）	台湾中钢（2003 年）	国际先进	国内先进宝钢（2005 年）	中国重点大中型企业（2005 年）
炼铁工序能耗/(kgce/t)	396，418，438	光阳厂 431.17，浦项厂 488.16	443.11	396～488	396	466.20

表 1-16　2005 年国内外炼铁工序单位产品能耗水平

项　目	重点企业平均	国内先进	国内落后	国外先进（2004 年）
炼铁工序能耗/(kgce/t)	456.79	396.70	605.10	431

研究中采用了类似与烧结工序单位产品能耗排序分析的方法，并考虑了一些矿的特殊情况，如承钢和攀枝花的矾钛磁铁矿，会导致炼铁工序能耗高，规定对原料中钒钛磁铁矿用量每增加 10％，高炉工序能耗增加 3 kgce/t。分析综合得到高炉工序单位产品能耗的限额指标见表 1-17。

表 1-17 高炉炼铁工序单位产品能耗限额指标

项　目	限额限定值	限额准入值	限额先进值
高炉工序能耗/(kgce/t)	460	≤430	≤390

注：1　电力折标系数采用等价值 0.404 kgce/(kW·h)。

2　对原料中钒钛磁铁矿用量每增加 10%，高炉工序能耗增加 3 kgce/t。

3. 转炉工序单位产品能耗

由于目前统计中转炉工序单位产品能耗的范围不一，有的企业是全部的转炉炼钢工序，即包括铁水预处理、转炉、精炼和连铸，但有的企业工艺不完整只是转炉本身(也可能包括铁水预处理)或包括连铸工艺，因此，能耗统计值有的不包括铁水预处理、连铸、精炼工艺能耗或不包括其中的一部分能耗，转炉工序能耗可比性差；若不包括连铸和精炼的能耗时，初步估算，转炉炼钢工序(包括全部铁水预处理、转炉、精炼和连铸)能耗可低 15 kgce/t～20 kgce/t。这样，2005 年修正后的转炉工序单位产品能耗约为 18 kgce/t(见表 1-18、表 1-19)。因此，为了增强全国转炉能耗的可比性，建议转炉工序能耗统计只计转炉自身和铁水预处理能源消耗，暂不包括精炼和连铸能耗。

考虑到转炉煤气回收利用的余地较大，而且近几年已经和正在投入回收的设备较多，经几次与钢铁企业代表讨论和专家研讨其降低的潜力，确定了能耗限额指标，其值列于表 1-20。

表 1-18 2000 年～2005 年我国重点大中型钢铁企业转炉工序单位产品能耗变化

年　份	2000	2001	2002	2003	2004	2005
转炉工序能耗[1)]/(kgce/t)	28.88	28.03	24.01	23.56	26.57	36.34

1)　范围：包括铁水预处理、转炉、精炼和连铸等全部炼钢工序的能源消耗。

表 1-19 2005 年国内外转炉工序单位产品能耗水平比较

项　目	重点企业	国内先进	国内落后	国际先进(2004 年)
转炉工序能耗[1)]/(kgce/t)	18(修正后)	－2.7	73.75(修正后)	－8.8

1)　转炉工序能耗统计范围仅包括铁水预处理和转炉。

表 1-20 转炉炼钢工序单位产品能耗限额指标

项　目	限额限定值	限额准入值	限额先进值
转炉工序能耗/(kgce/t)	10	≤0	≤－8

4. 电炉工序单位产品能耗

近十几年来我国钢产量高速增长，致使我国废钢资源长期短缺。由于废钢资源短缺和电价偏高，在我国钢铁工业中，一直以高炉—转炉—轧钢长流程为主，以长流程生产钢的比例(转炉钢比)占绝大多数，而电炉钢比一直停留在较低的水平上；而且 2004 年以来，电炉钢比还有下降的趋势(见图 1-5)。

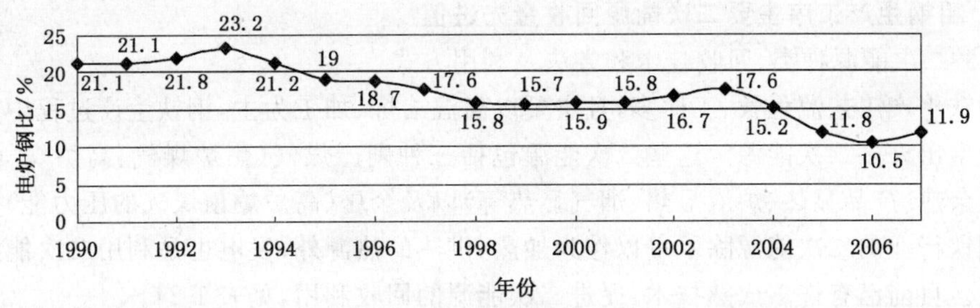

图 1-5 1990 年～2007 年我国电炉钢比变化情况

目前,我国处于工业化的初期,废钢积蓄量不多,每年国内产生的废钢量约为 3 000 万 t～5 000 万 t,并进口 1 000 万 t 左右,约有 80%左右的废钢用于钢铁工业。在今后相当长一段时期内,中国钢铁生产仍以高炉—转炉—轧钢长流程为主,电炉钢比例会缓慢增长。而且由于我国废钢资源紧缺,电炉钢生产中大多需加入 20%～30%的高炉铁水。

电炉工序能耗限定值、目标值及准入值的确定考虑了 2005 年及之前我国电炉冶炼过程中加入热铁水的实际情况。调研分析表明,我国电炉炼钢过程加入热铁水的比例为 25%～30%,标准中电炉工序能耗的各项指标以此为基准选取,见表 1-21～表 1-23。

但本次测算中,舍去了用大量铁水(超过 30%)做原料而工序能耗过低的企业(如韶钢),也把能耗显然过高的企业去掉了。并将生产普钢和特钢的电炉区别对待,分别选择 215 kgce/t 和 325 kgce/t 作为电炉生产普钢和特钢冶炼的能耗限额,这与限制和淘汰各地为数不少的 20 t 以下小电炉政策相一致。

计算分析表明,电炉的热铁水比每增加 1%,电炉冶炼过程电耗约减少 4 kW·h/t～6 kW·h/t,相当于减少能耗 1.62 kgce/t～2.42 kgce/t[电力折算系数为 0.404 kgce/(kW·h)],则在实际操作中可根据电炉的铁水比不同对电炉工序能耗的各项指标进行调整,但要注明调整的依据。

表 1-21　2000 年～2005 年重点大中型企业电炉工序单位产品能耗变化

年　份	2000	2001	2002	2003	2004	2005
电炉工序能耗/(kgce/t)	265.59	230.09	228.94	213.73	209.89	201.02

表 1-22　2005 年国内外电炉工序单位产品能耗水平

项　目	重点企业平均	国内先进	国内落后	国际先进(2004 年)
电炉工序能耗/(kgce/t)	201.02	135.89	354.90	—

表 1-23　电炉炼钢工序单位产品能耗限额指标

项　目	限额限定值	限额准入值	限额先进值
电炉工序能耗/(kgce/t)	215(普钢电炉) 325(特钢电炉)	≤190(普钢电炉) ≤300(特钢电炉)	≤180(普钢电炉) ≤280(特钢电炉)
注:我国目前电炉炼钢过程加入热铁水的比例为 25%～30%,本标准中电炉工序能耗的各项指标以此为基准选取。			

5. 粗钢生产工序主要二次能源回收量先进值

(1) 二次能源种类、回收技术和方法及利用方式

钢铁生产工艺流程长、工序多,且主要以高温冶炼、加工为主,钢铁生产过程中不可避免地产生出许多二次能源。这些二次能源包括三种副产煤气(焦炉煤气、高炉煤气、转炉煤气)、余热(产品显热、炉渣显热、烟气显热等)以及余压(高炉炉顶煤气的压力能)等。

钢铁行业的二次能源除了可以作为加热、供热的热源外,发电也是利用二次能源的有效途径。目前已有许多成熟技术,促进二次能源的回收利用,见表 1-24。

表 1-24 钢铁生产过程中主要二次能源种类及回收方式

工序	种　类	回收技术及方法	利用方式
焦化	焦炉煤气(COG)潜热		燃料、制氢、制甲烷
	焦炭显热	干熄焦(CDQ)	蒸汽、发电
	焦炉气显热	上升管冷却	蒸汽、热水
	烟道废气显热	煤调湿(CMC)	干燥煤
烧结	带、环冷机冷却前端废气显热	余热锅炉	蒸汽、发电
	带冷机冷却后部废气显热	热交换器	预热煤气或干燥物料
	烧结机后端高温废气显热	余热锅炉	蒸汽、发电
高炉	高炉煤气(BFG)潜热		燃料
	热风炉燃烧废气显热	热管换热	预热煤气和助燃空气
	炉顶荒煤气压力及显热	TRT	发电
	炉渣显热	暂无(冲渣水)	暂无(采暖)
转炉	转炉煤气(LDG)潜热	LT 法、OG 法等	燃料
	LDG 显热	余热锅炉	蒸汽、发电
连铸	连铸坯显热	红送热装	提高钢坯入炉温度
轧钢	加热炉废气显热	热交换器 蓄热技术	空、煤气预热 蒸汽、发电

(2) 二次能源理论产生量及现有技术条件下的可回收量(见表 1-25)

表 1-25 不同条件下的二次能源产生量和现有技术下可回收量

工序	种　类	基准温度为零度[1]时二次能源产生量/kgce		国家标准温度[2]下二次能源产生量/kgce		修正基准温度[3]下理论产生量/kgce		现有技术下可回收量/kgce	
		吨产品	折吨钢	吨产品	折吨钢	吨产品	折吨钢	吨产品	折吨钢
焦化	焦炭显热	60.73	20.13	20.47	6.82	48.45	16.04	48.45	16.04
	COG 潜热	261.34	87.00	261.34	87.00	261.34	87.00	258.96	85.98
	COG 显热	17.06	5.80	12.96	4.09	12.96	4.09	3.75	1.36
	废烟气显热	19.45	6.48	0.00	0.00	0.00	0.00	—	—
	小计	358.58	119.41	294.44	97.92	322.76	107.13	322.42	103.38

续表 1-25

工序	种　类	基准温度为零度[1]时二次能源产生量/kgce		国家标准温度[2]下二次能源产生量/kgce		修正基准温度[3]下理论产生量/kgce		现有技术下可回收量/kgce	
		吨产品	折吨钢	吨产品	折吨钢	吨产品	折吨钢	吨产品	折吨钢
烧结	烧结矿显热	21.15	32.07	6.14	9.21	15.01	22.86	7.51	11.26
	废气显热	15.35	23.54	0.68	0.45	0.68	0.45	—	—
	小计	36.51	55.27	6.82	9.66	15.69	23.31	7.51	11.26
高炉	BFG 潜热	180.48	171.27	180.48	171.27	180.48	171.27	176.05	167.18
	BFG 显热	27.64	26.27	7.51	7.16	7.51	7.16	—	—
	炉顶余压	16.04	15.35	16.04	15.35	16.04	15.35	16.04	15.35
	炉渣显热	21.15	20.13	13.99	13.31	18.08	17.40	0.00	0.00
	热风炉烟气显热	12.96	12.28	6.82	6.48	6.82	6.48	7.16	6.48
	小计	258.61	245.65	224.84	213.58	229.27	217.67	198.91	189.01
转炉炼钢	LDG 潜热	30.71	30.71	30.71	30.71	30.71	30.71	26.27	26.27
	LDG 显热	7.16	7.16	6.14	6.14	6.14	6.14	6.14	6.14
	炉渣显热	5.12	5.12	3.41	3.41	4.09	4.09	0.00	0.00
	小计	42.99	42.99	40.26	40.26	40.94	40.94	32.41	32.41
轧钢	加热炉废气显热	24.56	23.88	20.47	20.13	20.47	20.13	13.99	13.65
	总计	—	487.2	—	381.55	—	409.18	—	349.71

1)　以 0 ℃为基准(固、液、气均为 0 ℃)。

2)　以国家余热标准 GB/T 1089—2000 为基准(固体 500 ℃,液体 80 ℃,气体 200 ℃)。

3)　修正余热基准温度(固体 200 ℃,液体 80 ℃,气体 200 ℃)。

通过理论分析,可见:

1) 无论选取何种基准温度,各工序二次能源所占钢铁制造流程二次能源总量的比例相差不大,高炉工序二次能源产生量最大,约占 50%。

2) 各工序二次能源产生总量折合到吨钢为 11.98 GJ/t,如果充分利用普及现有技术,二次能源回收利用率可以达到约 86.6%。

3) 二次能源中,副产煤气所占比例最大,约占 74.97%,其中焦炉煤气约占 22.29%,高炉煤气约占 43.66%,转炉煤气约占 9.02%。

4) 目前高炉渣、转炉钢渣显热尚无有效回收利用技术;高炉煤气显热、烧结和焦炉烟气显热由于工艺操作原因,回收利用水平较低。

由以上分析可知,各种余热余能资源中,焦炭显热、烧结矿显热、高炉炉顶余压和转炉煤气显热等是余热回收的重点,目前已有成熟技术,在进一步开发新技术,提高回收效率的基础上,重点应加强节能技术的推广,提高普及率和应用效果。

(3) 重点节能技术的普及率及应用效果

二次能源回收水平不高是导致我国钢铁工业能耗高的重要原因之一。经调查,国外先进钢铁企业对余热、余能和副产煤气等能源的回收率均在90%以上,如日本的新日铁已达92%,而国内钢铁企业只有30%~50%。若不包含副产煤气和高炉炉顶压差发电在内,我国余热资源的回收利用率则更低,不足15%,而国际先进钢铁企业均在50%以上。而一些大型节能技术的普及率和应用效果与国外先进水平均有较大差距,这是造成二次能源回收利用率低的瓶颈(见图1-6)。

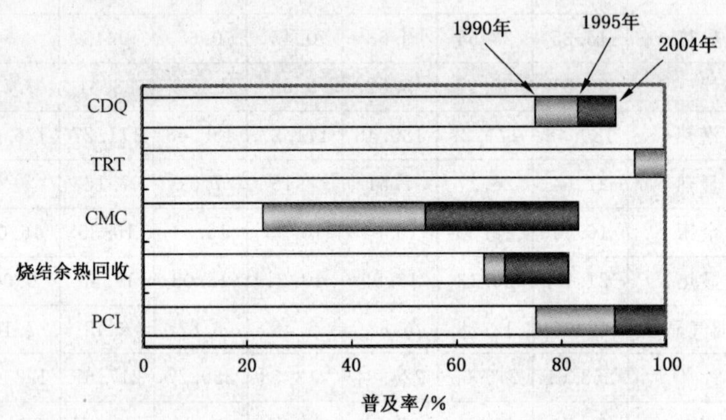

图1-6 日本钢铁工业节能技术普及率(资料来源:JISF)

由图1-5可以看出,截至2004年,CDQ、烧结余热回收等节能技术在日本钢铁工业的普及率已达到80%以上,而高炉喷煤(PCI)、TRT的普及率则高达100%,但是我国钢铁工业节能技术的普及率和应用效果远远落后于国际先进水平,例如日本。

1) CDQ

2004年,我国钢铁工业CDQ的普及率与国外对比见图1-7。从图1-7中可以看出,我国CDQ的普及率约25%左右,远远低于日本的95%和韩国的90%水平。

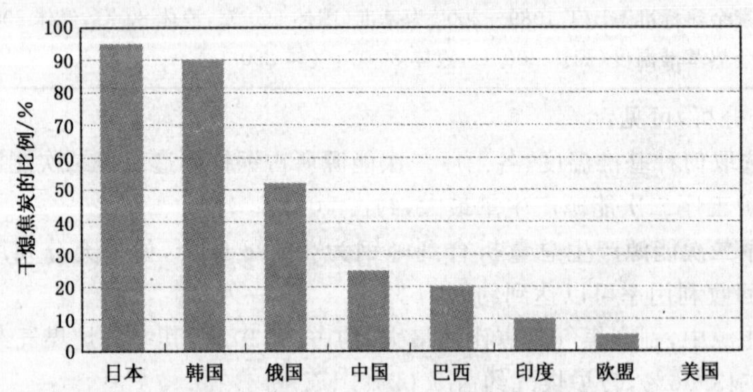

图1-7 2004年部分钢铁生产国CDQ普及率[资料来源:IISI、IEEJ(2006)]

截至2008年5月底,我国投产运行的干熄焦装置共57套,有4 880万t年焦炭生产能力配置了干熄焦装置,仅占我国2007年钢铁工业耗焦总量28 822万t的16.9%(低于2004年的水平,这是由于随着我国粗钢产量的增加,焦炭产量和消耗量增加造成的)。但是,如果加上在建的CDQ装置,干熄焦年产焦炭能力为11 448万t,相当于我国2007年钢铁工业耗焦总量的39.7%。截至2009年11月中旬,我国投产运行的干熄焦装置共

90套，有8 654万t年焦炭生产能力配置了干熄焦装置，占我国2008年钢铁工业耗焦总量28 000万t的30.9%。我国在建和已投产的干熄焦装置共143套，已经和正在为14 138万t年焦炭生产能力配置干熄焦装置，占我国机焦产能3.86亿t的36.6%，相当于我国2008年钢铁工业耗焦总量的50.5%。

虽然按干熄焦能力计，我国干熄焦量位居世界第一位，但是CDQ的普及率远远低于日本和韩国水平。今后，CDQ装置的普及应得到必要的重视。

2）烧结余热回收

烧结余热回收技术在我国刚刚起步，尤其是烧结余热发电技术才刚刚被钢铁企业重视。2009年初进行的一项调研结果显示，十一五期间是烧结余热回收技术的宣传推广期，调研的37家企业中，有近20家企业投资烧结余热技术，占调研企业的54%，由于调研的37家企业都是国内较好的企业，因此，可以推测我国烧结余热回收技术的普及率不足50%，与日本相比，差距甚大。

3）TRT

截至2004年，日本的29座高炉全部配备TRT，其中湿式18座（占62%），干式（包括干湿两用的）11座（占38%）。截至2005年，我国1 000 m^3以上高炉基本上都配备了TRT装置，普及率达95%以上，但干式TRT仅占30%左右，与国外先进水平相比仍有差距。

另外，当前TRT存在的主要问题不再是普及率的问题，而是已有TRT的运行效果与国外先进水平差距较大。例如，2007年我国重点中型钢铁企业的TRT吨铁发电量平均为26 kW·h/t，而日本2006年平均为41 kW·h/t，相差达15 kW·h/t。如何推广干式TRT，提高现有TRT的运行效果成为今后高炉节能工作的重点之一。

国内外大型钢铁企业二次能源的回收利用指标对比见表1-26。由表1-26可见，我国钢铁企业的二次能耗回收量除宝钢、武钢等先进企业外，其他企业的能源回收指标与国外先进水平相差较大，这也是造成其能耗与国外水平相差较大的重要原因之一。

表1-26 国内外大型钢铁企业能耗指标对比（2004年）

指标名称	宝钢	武钢	鞍钢	本钢	济钢	邯钢	唐钢	安钢	浦项	
									浦项	光阳
吨钢综合能耗/(kgce/t)	675	786	852	928	698	739	735.5	798		
吨钢耗电/(kW·h/t)	623.71	483.46	693.36	584.53	407.44	—	391.5	418	598.10	610.70
吨钢耗水/(t/t)	4.08	25.20	14.26	9.42	4.94	6.95	4.18	14.9	3.96	3.36
烧结工序能耗/(kgce/t)	62.20	64.20	60.30	71.97	63.39	70.86	67.6	57	59.75	63.45
高炉工序能耗/(kgce/t)	395.41	448.80	456.20	480.61	478.40	453.43	452.6	493	488.16	431.17
炼钢工序能耗/(kgce/t)	13.95	11.48	37.75	26.30	50.16	45.11	21.9	51	20.85	7.55

续表 1-26

指标名称	宝钢	武钢	鞍钢	本钢	济钢	邯钢	唐钢	安钢	浦项	
									浦项	光阳
TRT 回收/(kW·h/t)	34.77	18.94	4.72	0		0.67	31		22.10	35.83
烧结蒸汽回收/(kg/t)	20.73						0		19.31	31.05
转炉蒸汽回收/(kgce/t)	3.9	9.73	6.03	5.74	1.53	1.73	40		—	77.23
转炉煤气回收/(kgce/t)	27.05	20.12	11.59	17.78	11.32	2.01	90		91.83	104.49

可见，我国钢铁企业在二次能源回收利用方面与国际先进国家仍存在差距，同时也看出我国在这方面有很大的发展潜力。

为此，为促进钢铁企业充分利用钢厂产生的二次能源，提高能源利用水平，鼓励钢厂配备先进的节能设备，最大限度回收工序产生的能源。根据我国生产实际及参考国内外先进水平，特设定粗钢生产工序中主要能源回收量的目标值，具体指标有高炉炉顶余压发电量、烧结工序余热回收量和转炉煤气和蒸汽回收量作为主要能源回收量先进值，见表 1-27。这将节能的限额要求和具体的节能技术的实施结合起来，更具体地为钢铁企业节能提出了努力方向。

表 1-27　粗钢生产工序主要能源回收量先进值

分　类	先进值
高炉炉顶余压发电量/(kW·h/t)	干式：≥35 湿式：≥30
烧结工序余热回收量/(kgce/t)	≥6
转炉煤气和蒸汽回收量/(kgce/t)	≥30

注：1　电力折标系数采用等价值 0.404 kgce/(kW·h)。

2　主要能源回收量以相应工序的吨产品计。

6. 标准适用性

GB 21256—2007《粗钢生产主要工序单位产品能源消耗限额》自 2008 年 6 月 1 日正式实施，标准中强制条款 4.1 和 4.2 中的能耗限额限定值和限额准入值的数据基础是以电力折算系数等价值进行统计的，但目前行业统计数据均以电力折算系数当量值为准，电力折算系数由等价值转换为当量值由 2006 年 1 月 1 日起实施，在制定标准时以电力折算数据当量值统计的数据基础较薄弱，所确定的各限额指标值是依据 2006 年的主要工序单位产品能耗估算值。2008 年重点大中型钢铁企业各主要工序单位产品能耗与规定的限额指标的比较见表 1-28。

表 1-28　2008 年重点大中型企业主要生产工序单位产品能耗与限额指标的比较

项　目	烧结工序	高炉工序	转炉工序	电炉工序[1]
达到限额限定值的比例	53.8%	63.2%	89.5%	—
达到限额准入值的比例	30.6%	30.8%	3.9%	—
达到限额先进值的比例	6%	2%	0%	—

1)　统计数据中并未分开特殊钢电炉和普钢电炉，因此无法统计达到限额指标的企业的比例。

由表 1-28 可见：

1) 重点大中型钢铁企业中，2008 年烧结工序单位产品能耗在电力折算系数取 0.122 9 kgce/(kW·h)条件下，有 53.8%达到限额限定值，30.6%达到限额准入值，6%达到限额先进值；

2) 重点大中型钢铁企业中，2008 年高炉工序单位产品能耗在电力折算系数 0.122 9 kgce/(kW·h)条件下，63.2%达到限额限定值，30.8%达到限额准入值，2.6%达到限额先进值；

3) 转炉工序在电力折算系数 0.122 9 kgce/(kW·h)条件下，89.5%达到限额限定值，3.9%达到限额准入值，0%达到限额先进值。

以上结果表明，GB 21256—2007 所确定的电力折算系数 0.122 9 kgce/(kW·h)条件下的各工序限额指标值基本能够适应对行业进行调控的需要，即限额限定值用以淘汰 20%～30%的落后生产能力，限额准入值对新建或改扩建设备进行准入控制及为企业提供限额先进值作为努力的目标的目的。其中，烧结工序指标略显严格，主要原因是受到金融危机的影响，烧结余热回收项目受到限制。

第三节　标准有关条文释义

钢铁生产主要有以天然资源、煤炭等为源头的高炉—转炉"长流程"(BF—BOF 流程)和以废钢、电力为源头的电炉"短流程"(EAF 流程)两类，如图 1-8 所示。

(1) 以铁矿石、煤炭等天然资源为源头的高炉—转炉—热轧—深加工流程

这是包含了原料、能源的储运/处理，高炉—焦炉还原过程，炼钢—精炼—凝固过程，再加热—热轧过程，冷轧—表面处理过程的生产流程(长流程)。

(2) 以废钢等再生资源[1]和电力为源头的电炉—精炼—连铸—热轧流程(短流程)

在我国现存的长流程和短流程中，一直以高炉—转炉—轧钢长流程为主，以长流程生产的钢(转炉钢)的比例占绝大多数。近 15 年来，我国转炉钢比例大约在 80%～85%左右变化。

在钢铁联合企业中往往这两类流程都存在，而这时，电炉也便成为企业中的主要耗能工序之一。钢铁企业生产流程中，焦化、烧结、炼铁及炼钢工序(转炉、电炉工序)能耗约占总能耗近 80%左右，而这些工序也是流程中的主要工序。由于目前统计数据的支撑不够

1)　再生资源是相对于再生天然资源而言，一般指的是社会生产和生活消费过程中产生的，已经失去原有价值，而经过回收、分类、整理及加工处理，会重新具有使用价值的各种废弃物质。

及技术发展尚有潜力等原因，标准所选定的制定单位产品能耗限额标准的工序是钢铁制造流程中主要耗能工序，待条件成熟后再对其他工序(如球团、精炼和连铸、轧钢等工序)的单位产品能耗限额指标进行界定。

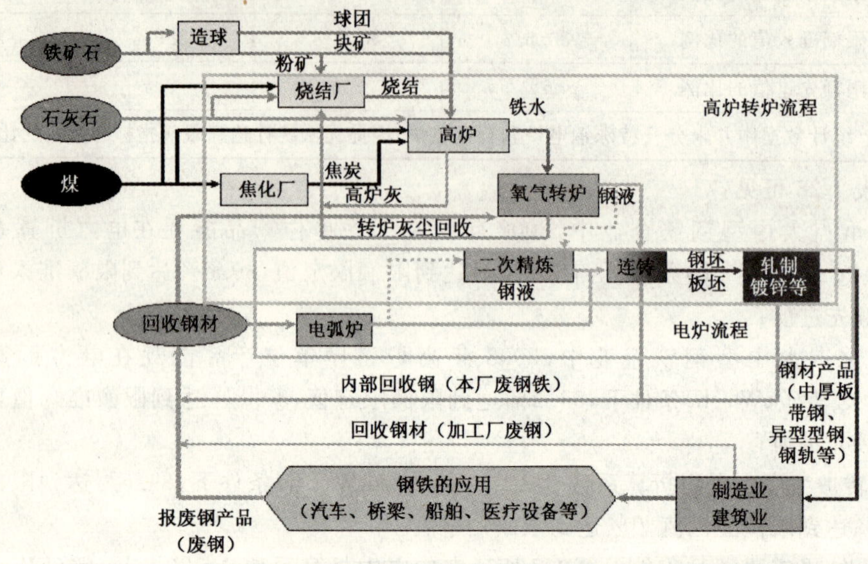

图 1-8 钢铁生产的两类流程：高炉—转炉长流程和电炉短流程

钢铁生产的主要工序消耗能源有：焦炭、喷吹煤、电力、氧气、氩气、蒸汽及各种煤气等品种，同时可以回收二次能源，如烧结余热、高炉煤气、焦炉煤气及转炉煤气等。粗钢生产主要工序单位产品能源消耗限额分为三个等级，即现有粗钢生产工序单位产品能耗限额限定值、新建粗钢生产工序单位产品能耗限额准入值、粗钢生产主要工序单位产品能耗限额先进值，同时还提出了粗钢生产主要二次能源回收量先进值。

粗钢生产主要工序每个工序都有各自的产品，如烧结工序产品为烧结矿、高炉工序产品为生铁、转炉工序产品为钢水、电炉工序产品为钢水。钢铁生产是流程工业，即上道工序的产品是下道工序的原料，参与计算能源消耗限额产品必须是经检验满足下道工序质量要求的合格产品。单位产品是指单位合格产品。

能源消耗是指原料在加工生产过程中消耗的各种能源，这些能源包括焦炭、煤、电、氧气、蒸汽等。

产品能源消耗是指综合能源消耗。

前　言

本标准的4.1和4.2是强制性的，其余是推荐性的。

本标准附录A为资料性附录。

【释义】

前言说明了标准的条款中4.1和4.2是强制性的，其余是推荐性。对标准的附录进行了说明，资料性附录是为企业提供数据参考。

《中华人民共和国节约能源法》第十三条规定：国务院标准化主管部门和国务院有关

部门依法组织制定并适时修订有关节能的国家标准、行业标准,建立健全节能标准体系。国务院标准化主管部门会同国务院管理节能工作的部门和国务院有关部门制定强制性的用能产品、设备能源效率标准和生产过程中耗能高的产品的单位产品能耗限额标准。

1 范围

本标准规定了粗钢生产主要工序单位产品能源消耗(以下简称能耗)限额的技术要求、统计范围和计算方法、节能管理与措施。

本标准适用于钢铁企业进行烧结工序(不含球团)、高炉工序、转炉工序和电炉工序单位产品能耗的计算、考核,以及新建设备的能耗控制。

【释义】

本章概括了 GB 21256—2007《粗钢生产主要工序单位产品能源消耗限额》的基本内容和适用对象。

2 规范性引用文件

下列文件中的条款通过本标准的引用而成为本标准的条款。凡是注日期的引用文件,其随后所有的修改单(不包括勘误的内容)或修订版均不适用于本标准,然而,鼓励根据本标准达成协议的各方研究是否可使用这些文件的最新版本。凡是不注日期的引用文件,其最新版本适用于本标准。

GB 17167　用能单位能源计量器具配备和管理通则

【释义】

在规范性引用文件中,应注意引用标准的最新版本和标准属性。

本标准发布时,GB 17167《用能单位能源计量器具配备和管理通则》为 2006 年版,属于强制性标准,规定了用能单位能源计量器具配备和管理的基本要求,为企业完善能源计量设施和能源计量管理提供了依据和指导,有利于进一步提高企业的能源使用与计量管理水平。

3 术语和定义

下列术语和定义适用于本标准。

3.1

烧结工序单位产品能耗　the energy consumption per unit product of sintering procedure

报告期内,烧结工序(不含球团)每生产一吨合格烧结矿,扣除工序回收的能源量后实际消耗的各种能源总量。

【释义】

烧结工序单位产品能耗是在报告期内,烧结工序消耗的能源量扣除工序回收的能源后实际消耗的各种能源总量与报告期内烧结工序合格烧结矿产量的比值。

3.2

高炉工序单位产品能耗　the energy consumption per unit product of blast furnace procedure

报告期内，高炉工序每生产一吨合格生铁，扣除工序回收的能源量后实际消耗的各种能源总量。

【释义】

高炉工序单位产品能耗是指在报告期内，高炉工序消耗的能源量扣除工序回收的能源后实际消耗的各种能源总量与报告期内高炉工序合格生铁产量的比值。

3.3

转炉工序单位产品能耗　the energy consumption per unit product of converter or BOF (Basic Oxygen Furnace) procedure

报告期内，转炉工序(不包含精炼和连铸)每生产一吨合格粗钢，扣除工序回收的能源量后实际消耗的各种能源总量。

【释义】

转炉工序单位产品能耗是指在报告期内，转炉工序消耗的能源量扣除工序回收的能源后实际消耗的各种能源总量与报告期内转炉工序合格粗钢产量的比值。

3.4

电炉工序单位产品能耗　the energy consumption per unit product of EAF(Electric Arc Furnace)procedure

报告期内，电炉工序(不包含精炼和连铸)每生产一吨合格粗钢所消耗的各种能源总量。

【释义】

电炉工序单位产品能耗是指在报告期内，电炉工序消耗的能源量扣除工序回收的能源后实际消耗的各种能源总量与报告期内电炉工序合格粗钢产量的比值。

4　技术要求

4.1　现有粗钢生产工序单位产品能耗限额限定值

现有钢铁企业生产过程中，烧结工序、高炉工序、转炉工序和电炉工序的单位产品能耗限额限定值应符合表1的要求。

表1　现有粗钢生产主要工序单位产品能耗限额限定值

工 序 名 称	单位产品能耗限额限定值/(kgce/t)
烧结工序	≤65
高炉工序	≤460
转炉工序	≤10

表 1（续）

工 序 名 称		单位产品能耗限额限定值/(kgce/t)
电炉工序	普钢电炉	≤215
	特钢电炉	≤325
注 1：电力折标准煤系数采用等价值 0.404 kgce/(kW·h)。 注 2：若原料稀土矿比例每增加 10%，烧结工序能耗增加 1.5 kgce/t。对原料中钒钛磁铁矿用量每增加 10%，高炉工序能耗增加 3 kgce/t。		

【释义】

本条属于强制性条款，是标准的核心所在。本条规定了现有的粗钢生产主要工序单位产品能耗指标必须要达到的水平。不能达到能耗限额指标限定值的工序设备应进行整改或停产。

由于烧结原料对于烧结工序能耗影响较大，尤其是复合矿和单一矿烧结时，能耗差距较大，因此本标准考虑了稀土矿对烧结工序能耗的影响，即若原料稀土矿比例每增加 10%，烧结工序能耗增加 1.5 kgce/t，其他都同等考虑。

电炉工序能耗与电炉冶炼的钢种密切相关，特钢电炉和普钢电炉能耗相差较大，因此，在限额指标中，对此加以区分。

4.2 新建粗钢生产工序单位产品能耗限额准入值

钢铁企业新建或改扩建烧结机、高炉、转炉和电炉设备时，其工序单位产品能耗限额准入值应符合表 2 的要求。

表 2 新建粗钢生产工序单位产品能耗限额准入值

工 序 名 称		单位产品能耗限额准入值/(kgce/t)
烧结工序		≤60
高炉工序		≤430
转炉工序		≤0
电炉工序	普钢电炉	≤190
	特钢电炉	≤300
注：电力折标准煤系数采用等价值 0.404 kgce/(kW·h)。		

【释义】

本条属于强制性条款。

本条规定了钢铁生产企业在新建或改扩建生产工序设备时，其工序单位产品能耗指标必须达到的水平，高于能耗限额准入值的不予准入。为一些新建或现有企业的新建设备设定准入门槛，为避免生产工艺低水平重复提供能耗数据依据。

4.3 粗钢生产工序单位产品能耗限额先进值

钢铁企业应通过节能技术改造和加强节能管理，使烧结工序、高炉工序和转炉工序单位产品能耗达到表3中的粗钢生产工序单位产品能耗限额先进值。

表3 粗钢生产工序单位产品能耗限额先进值

工序名称		单位产品能耗限额先进值/(kgce/t)
烧结工序		≤55
高炉工序		≤390
转炉工序		≤−8
电炉工序	普钢电炉	≤180
	特钢电炉	≤280
注：电力折标准煤系数采用等价值0.404 kgce/(kW·h)。		

【释义】

本条属于推荐性条款，说明了粗钢生产工序单位产品能耗限额的先进值。能耗限额先进值是依据2005年及之前国内外相应工序能耗指标的先进水平而取的，是钢铁企业现有工序能耗指标努力的目标。

设备大型化是工序能耗指标达到或超过能耗限额先进值的基础，同时，企业需要加强能源管理，为各工序积极采用先进的节能技术不断进行技术改造，才有可能达到或超过能耗限额先进值。达到单位产品综合能耗限额先进值，并不代表该企业单位产品综合能耗达到国内或国际上的领先水平，随着钢铁工业工艺技术的不断发展和先进节能技术的应用，粗钢生产主要工序单位产品能耗也越来越低。

但是应该注意的是，一个企业的先进性，不仅从效益、能耗上看，更要从安全、环保、综合利用水平等方面综合考核。

国家鼓励钢铁企业新建工序设备时，按照粗钢生产主要工序单位产品能耗限额准入值进行设计和建造。同时，鼓励企业按照先进值标准来进行技术改造，更鼓励企业按照国内或国际上领先水平进行技术改造。

4.4 粗钢生产工序主要能源回收量先进值

4.4.1 高炉炉顶余压发电量是指高炉工序每生产一吨合格生铁、利用炉顶余压所发的电量。

4.4.2 烧结工序余热回收量是指烧结工序每生产一吨合格烧结矿回收的余热蒸汽量(或发电量)折标准煤量。

4.4.3 转炉煤气和蒸汽回收量是指转炉工序每生产一吨合格粗钢所回收的转炉煤气量和余热蒸汽量折标准煤量之和。

钢铁企业粗钢生产工序中，应配备先进的节能设备，最大限度回收工序产生的能源，使之达到表4中的粗钢生产工序主要能源回收量先进值。

表 4　粗钢生产工序主要能源回收量先进值

分　　类	能源回收量先进值
合格生铁高炉炉顶余压发电量/(kW·h/t)	干式:≥35 湿式:≥30
合格烧结矿烧结工序余热回收量/(kgce/t)	≥6
合格粗钢转炉煤气和蒸汽回收量/(kgce/t)	≥30
注:电力折标准煤系数采用等价值 0.404 kgce/(kW·h)。	

【释义】

本条为推荐性条款。

我国钢铁工业能耗高的重要原因是二次能源回收水平不高。一些大型节能技术的普及率和应用效果与国外先进水平均有较大差距,是造成我国钢铁企业二次能源回收利用率低的瓶颈。

为此,为促进钢铁企业充分利用钢厂产生的二次能源,提高能源利用水平,鼓励钢厂配备先进的节能设备,最大限度回收工序产生的能源。粗钢生产工序中主要能源回收量的目标值是根据我国生产实际及参考国内外先进水平而选取的。这一指标将节能的限额要求和具体的节能技术的实施结合起来,更具体地为钢铁企业节能提出了努力方向。

4.5　电力折标准煤系数为当量值条件下的粗钢生产工序单位产品能耗限额参考值

当电力折标准煤系数从等价值 0.404 kgce/(kW·h)改为当量值 0.122 9 kgce/(kW·h)时,粗钢各主要工序单位产品能耗限额限定值、限额准入值及限额先进值参考值见表 5。

表 5　电力折标准煤系数当量值条件下[0.122 9 kgce/(kW·h)]的粗钢生产工序能耗限额参考值

工序名称		单位产品能耗限额限定值/(kgce/t)	单位产品能耗限额准入值/(kgce/t)	单位产品能耗限额先进值/(kgce/t)
烧结工序		≤56	≤51	≤47
高炉工序		≤446	≤417	≤380
转炉工序		≤0	≤−8	≤−20
电炉工序	普钢电炉	≤92	≤90	≤88
	特钢电炉	≤171	≤159	≤154
注:若原料稀土矿比例每增加 10%,烧结工序能耗(以标准煤计)增加 1.5 kgce/t。对原料中钒钛磁铁矿用量每增加 10%,高炉工序能耗(以标准煤计)增加 3 kgce/t。				

【释义】

本条为推荐性条款。由于电力折算系数由等价值改为当量值的时间有限,而且原来等价值条件下的能耗数据又很难换算成当量值下的数据,因此现在制订电力折算系数当量值条件下的限额指标，数据基础稍显不足。标准中所给出的数据仅是根据现有数据的估算值，仅供参考，不作为强制标准实施。可待数据量充分后，进一步完善和更新该数值。

5　统计范围和计算方法

5.1　能耗统计范围及能源折标准煤系数取值原则

5.1.1　统计范围

5.1.1.1　烧结工序单位产品能耗包括生产系统（从熔剂、燃料破碎开始，经配料、原料运输、工艺过程混料、烧结机、烧结矿破碎、筛分等到成品烧结矿皮带机进入炼铁厂为止的各生产环节）、辅助生产系统（机修、化验、计量、环保等）和生产管理及调度指挥系统等消耗的能源量，扣除工序回收的能源量。不包括直接为生产服务的附属生产系统（如食堂、保健站、休息室等）消耗的能源量。

【释义】

本条规定了烧结工序单位产品能耗统计范围。

烧结工序单位产品能耗的统计范围与原行业指标统计范围基本一致，但强调不包括附属生产系统消耗的能源量，附属生产系统主要是指食堂、保健站、休息室等。由于生产体制的变化，现代钢铁企业中，一般直接为生产服务的附属生产系统已从企业隶属关系中剥离出来，因此，这系统消耗的能源不应包括在单位产品能源消耗中。

烧结工序单位产品能耗统计范围见图 1-9。

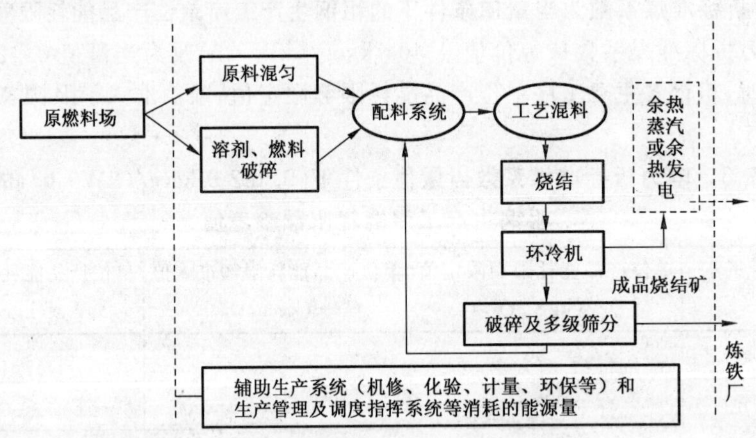

图 1-9　烧结工序单位产品能耗统计范围

5.1.1.2　高炉工序单位产品能耗包括高炉工艺生产系统（原燃料供给、高炉本体、渣铁处理、鼓风、热风炉、煤粉喷吹等系统）、辅助生产系统（机修、化验、计量、环保等）和生产管理及调度指挥系统等消耗的能源量，扣除工序回收的能源量。不包括直接为生产服务的附属生产系统（如食堂、保健站、休息室等）消耗的能源量。

【释义】

本条规定了高炉工序单位产品能耗统计范围。

高炉工序单位产品能耗统计范围见图 1-10。

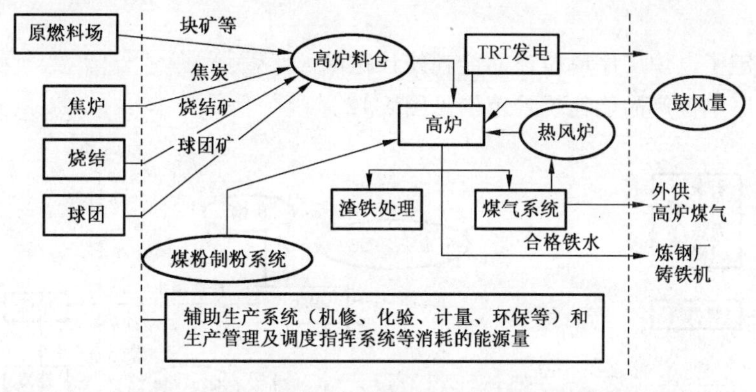

图 1-10　高炉工序单位产品能耗统计范围

5.1.1.3　转炉工序单位产品能耗包括从铁水进厂到转炉出合格钢水为止的生产系统（铁水预处理、转炉本体、渣处理、钢包烘烤、煤气回收与处理系统等）、辅助生产系统（机修、化验、计量、环保等）和生产管理及调度指挥系统等消耗的能源量，扣除工序回收的能源量，不包括精炼、连铸（浇铸）、精整的能耗及直接为生产服务的附属生产系统（如食堂、保健站、休息室等）消耗的能源量。

【释义】

本条规定了转炉工序单位产品能耗统计范围。

需要强调的是标准中的转炉工序单位产品能耗区别于传统的炼钢工序能耗，后者是整个炼钢车间的能耗，从铁水入厂到铸坯出厂为止的全部能耗。而本标准中转炉工序单位产品能耗的统计范围不包括精炼、连铸（浇铸）及直接为生产服务的附属生产系统的能耗。

转炉工序单位产品能耗统计范围见图 1-11。

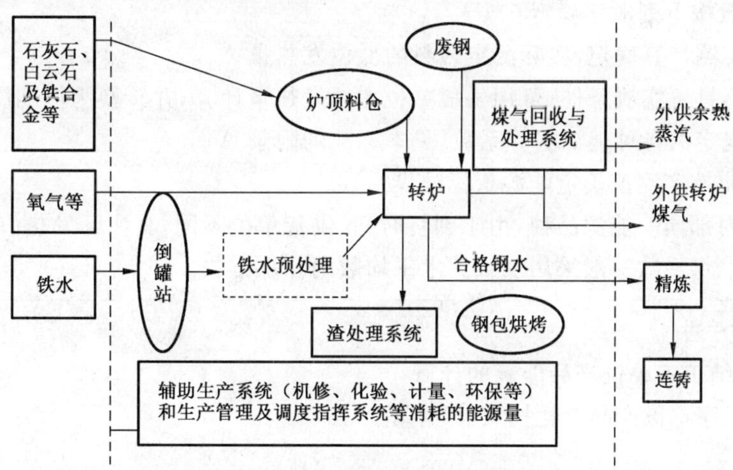

图 1-11　转炉工序单位产品能耗统计范围

5.1.1.4　电炉工序单位产品能耗包括从原料进入厂到电炉出合格钢水为止的生产系统（废钢预热和处理、原料的烘烤和干燥、电炉本体、渣处理、钢包烘烤等）、辅助生产系统（机修、化验、计量、环保等）和生产管理及高度指挥系统等消耗的能源量，不包括炉外精炼、炉外处理、铸（坯）锭、钢锭退火、精整的能耗及直接为生产服务的附属生产系统（如食堂、保健站、休息室等）消耗的能源量。

【释义】

本条规定了电炉工序单位产品能耗统计范围。

电炉工序单位产品能耗统计范围见图 1-12。

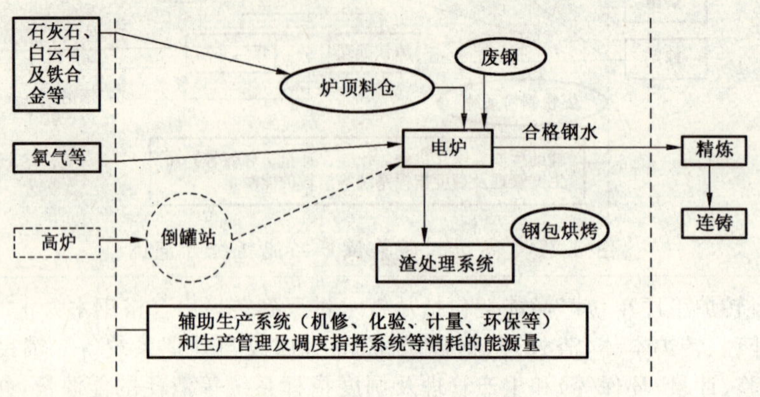

图 1-12　电炉工序单位产品能耗统计范围

5.1.2　能源折标准煤系数取值原则

各种能源的热值以企业在报告期内实测的热值为准。没有实测条件的，采用附录 A 中该能源的平均低位发热值对应的折标准煤参考系数。

【释义】

本条说明了钢铁企业各种能源换算为标准煤的折算系数的确定方法。企业确定能源折标准煤系数按下列顺序确定：

(1) 由实测计算确定，实际测定燃料的低位发热量；

(2) 如不具备实测条件，可用发货单位上的发热量计算，并转换为标准煤；

(3) 取规定的各种能源折算系数(见本标准的附录 A)。

鼓励企业按实测值确定能源折标准煤系数。

在企业内部同一能源品种，由于到货时间、供货单位不同，其实际发热值也不一样，因此确定折标准煤系数一般采用加权算术平均数的计算方法。

5.2　计算方法

5.2.1　烧结工序单位产品能耗的计算

烧结工序单位产品能耗按式(1)计算：

$$E_{SJ}=\frac{e_{sjz}-e_{sjh}}{P_{SJ}} \quad \cdots\cdots (1)$$

式中：

E_{SJ}——烧结工序单位产品能耗，单位为千克标准煤每吨(kgce/t)；

e_{sjz}——烧结工序消耗的各种能源的折标准煤量总和，单位为千克标准煤(kgce)；

e_{sjh}——烧结工序回收的能源量折标准煤量，单位为千克标准煤(kgce)；

P_{SJ}——烧结工序合格烧结矿产量，单位为吨(t)。

【释义】

本条规定了烧结工序单位产品能耗的计算方法。

随着钢铁工业节能技术的发展，烧结余热利用越来越受到重视，尤其是烧结矿显热回收。因此，烧结工序在消耗能耗的同时，可回收一定量的能源量。烧结余热可以蒸汽的形式回收利用或是以回收的余热蒸汽发电，但计算时一般以回收的蒸汽量计算。回收的能源量从在工序总消耗的能耗量中扣除。

5.2.2 高炉工序单位产品能耗的计算

高炉工序单位产品能耗应按式(2)计算：

$$E_{GL}=\frac{e_{glz}-e_{glh}}{P_{GL}} \quad \cdots\cdots(2)$$

式中：

E_{GL}——高炉工序单位产品能耗，单位为千克标准煤每吨(kgce/t)；

e_{glz}——高炉工序消耗的各种能源的折标准煤量总和，单位为千克标准煤(kgce)；

e_{glh}——高炉工序回收的能源量折标准煤量，单位为千克标准煤(kgce)；

P_{GL}——高炉工序合格生铁产量，单位为吨(t)。

【释义】

本条规定了高炉工序单位产品能耗的计算方法。

5.2.3 转炉工序单位产品能耗的计算

转炉工序单位产品能耗应按式(3)计算：

$$E_{ZL}=\frac{e_{zlz}-e_{zlh}}{P_{ZL}} \quad \cdots\cdots(3)$$

式中：

E_{ZL}——转炉工序单位产品能耗，单位为千克标准煤每吨(kgce/t)；

e_{zlz}——转炉工序消耗的各种能源的折标准煤量总和，单位为千克标准煤(kgce)；

e_{zlh}——转炉工序回收的能源量折标准煤量，单位为千克标准煤(kgce)；

P_{ZL}——转炉工序合格粗钢产量，单位为吨(t)。

【释义】

本条规定了转炉工序单位产品能耗的计算方法。

特别要强调的是转炉工序单位产品能耗的统计范围，不包括精炼、连铸(浇铸)、精整设施及铸坯(锭)出厂的能耗，但是考虑到式(3)分母中的计量方便，仍选用粗钢产量为分母。

5.2.4 电炉工序单位产品能耗的计算

电炉工序单位产品能耗应按式(4)计算：

$$E_{DL}=\frac{e_{dlz}}{P_{DL}} \quad \cdots\cdots(4)$$

式中：

E_{DL}——电炉工序单位产品能耗，单位为千克标准煤每吨(kgce/t)；

e_{dlz}——电炉工序消耗的各种能源的折标准煤量总和，单位为千克标准煤(kgce)；

P_{DL}——电炉工序合格粗钢产量，单位为吨(t)。

【释义】

本条规定了电炉工序单位产品能耗的计算方法。

特别要强调的是电炉工序单位产品能耗的统计范围，不包括精炼、连铸(浇铸)、精整设施及铸坯(锭)出厂的能耗，但是考虑到式(4)分母中的计量方便，仍选用粗钢产量为分母。

6 节能管理与措施

6.1 节能基础管理

6.1.1 企业应定期对粗钢生产的几个主要工序能耗情况进行考核，并把考核指标分解落实到各基层单位，建立用能责任制度。

【释义】

根据钢铁企业能耗限额指标和实际生产情况，建立科学合理的节能评价考核制度，将节能指标分解落实到烧结工序、高炉工序、转炉工序和电炉工序，组织开展节能专项检查，定期进行考核。

6.1.2 企业应按要求建立健全能耗统计体系，建立能耗计算和考核结果的文件档案，并对文件进行受控管理。

【释义】

能耗统计体系是企业进行能耗指标核算和分析、能源管理的基础，应按要求建立健全能源统计原始记录和能源统计台账，建立并管理好能耗计算和统计结果的文件档案。

6.1.3 企业应根据 GB 17167 的要求配备能源计量器具，并建立能源计量管理制度。

【释义】

企业应根据 GB 17167 的要求配备一定数量的准确度等级符合要求的能源计量器具。建立能源计量管理体系，形成文件，并保持和持续改进其有效性。

6.2 节能技术管理

钢铁企业各生产工序应配备先进的节能设备，最大限度地回收工序产生的能源。

【释义】

本条是说明钢铁企业在配备先进工艺装备的同时，应注重节能设备配备，回收工序产生的能源。

附 录 A

(资料性附录)

各种能源折标准煤参考系数

能源名称	平均低位发热量	折标准煤系数
原煤	20 908 kJ/kg(5 000 kcal/kg)	0.714 3 kgce/kg
干洗精煤(灰分 10%)	29 689 kJ /kg(7 100 kcal/kg)	1.014 3 kgce/kg

表（续）

能源名称	平均低位发热量	折标准煤系数
无烟煤（湿）	25 090 kJ/kg(6 000 kcal/kg)	0.857 1 kgce/kg
动力煤（湿）	20 908 kJ/kg(5 000 kcal/kg)	0.714 3 kgce/kg
焦炭（干全焦）（灰分 13.5%）	28 435 kJ/kg(6 800 kcal/kg)	0.971 4 kgce/kg
燃料油	41 816 kJ/kg(10 000 kcal/kg)	1.428 6 kgce/kg
汽油	43 070 kJ/kg(10 300 kcal/kg)	1.471 4 kgce/kg
煤油	43 070 kJ/kg(10 300 kcal/kg)	1.471 4 kgce/kg
柴油	42 652 kJ/kg(10 200 kcal/kg)	1.457 1 kgce/kg
液化石油气	50 179 kJ/kg(12 000 kcal/kg)	1.714 3 kgce/kg
炼厂干气	46 055 kJ/kg(11 000 kcal/kg)	1.571 4 kgce/kg
油田天然气	38 931 kJ/m^3(9 310 kcal/ m^3)	1.330 0 kgce/m^3
气田天然气	35 544 kJ/m^3(8 500 kcal/ m^3)	1.214 3 kgce/m^3
液化天然气	40 980 kJ/kg(9 800 kcal/kg)	1.427 kgce/kg
高炉煤气	3 763 kJ/m^3(900 kcal/ m^3)	0.128 6 kgce/kg
转炉煤气	4 976 kJ/m^3～17 160 kJ/m^3 (1 190 kcal/m^3～4 104 kcal/ m^3)	0.17 kgce/kg～0.59 kgce/kg
焦炉煤气	16 726 kJ/m^3～17 981 kJ/m^3 (4 000 kcal/ m^3～4 300 kcal/ m^3)	0.571 4 kgce/m^3～0.614 3 kgce/m^3
重油催化裂解煤气	19 235 kJ/m^3(4 600 kcal/ m^3)	0.657 1 kgce/ m^3
电力（等价值）	11 826 kJ/(kW・h) [2 828 kcal/(kW・h)]	0.404 0 kgce/(kW・h)
电力（当量值）	3 600 kJ/(kW・h) [860 kcal/(kW・h)]	0.122 9 kgce/(kW・h)
注 1：洗精煤或煤炭的灰分、水分每增、减 1%，则热值相应要减、增约 334 kJ/kg。 注 2：无烟煤、动力煤热值波动范围较大，推荐值为大体平均值。		

【释义】

附录 A 给出了各种能源折标准煤参考系数。

第四节　实施标准的有关措施

对能耗限额标准的实施，当尽早考虑由哪些部门负责监督，如何核查企业是否超限额，要求核查人员具备一定素质，并坚持原则。

另外，本能耗限额标准虽设有罚则，但怎么执行还需要政府部门出台相应的管理办法。

为扶植超限额企业通过加强管理及技术进步，把单位产品能耗降下来，国家应当在技术改造项目的安排和政策导向上给予支持和鼓励。

一、管理措施

1. 加强计量管理，确保能源计量完备性和能源数据的可靠性

统计是能耗限额顺利实施的基础，钢铁工业 20 年来较好地坚持了能源消耗情况的统计，能源消耗指标体系健全，基本情况清楚，统计计算比较严谨。但 1999 年后机构调整冲击了此项工作，对能源统计力量大大削弱，目前如何加强和完善，建议有关部门考虑。

此外，有关部门可以委托有关科研院所对钢铁企业的能耗进行检测，根据检测的结果对钢铁企业的能耗进行考核。对于参与检测的科研院所，有关部门应对其所使用的仪器和参与检测人员的资质进行认定，使其检测结果能具有一定的权威性。

2. 加强培训、上报和核查能源统计报表数据

中国钢铁工业协会的会员企业基本上在能源统计方面有一定的基础，但目前一些中小钢铁企业有的对能源指标的概念不清楚，有的根本没有能源统计系统。一方面，自 1982 年冶金工业部发布《钢铁企业能源平衡及能耗指标计算办法的暂行规定》后基本没有过更新和完善，随着钢铁工业的发展，一些原有的指标与目前的流程不再适应；另一方面，自机构调整后，没有相应的部门组成和管理关于能源统计系统的培训，造成多年来能源统计数据越来越乱的状况。

建议中国钢铁工业协会利用其在行业内的领导力和号召力组织相关的培训，规范能源统计体系，重点对一些中小钢铁企业进行培训。

此外，在标准制定过程中，能耗限额指标均为年度统计值，一些数值差异较大，因此在标准的实施过程中，国家统计局可委托中国钢铁工业协会有关部门在钢铁工业内建立能源报表的有关新制度，要求钢铁生产企业定期提交能源消耗方面的报表，并对变动较大的能源折标准煤系数的测定数据记录；同时协会应该适时对钢铁生产企业的能源消耗情况以及生产情况进行核查，以便对标准执行过程中出现的问题及时解决和研究，在以后标准修订时进行完善。

3. 钢铁企业需要加强能源管理，健全能源统计体系和完善计量器具配备

随着能源约束对于企业竞争力的挑战，企业应加强能源管理，由专人负责限额指标管理，同时，钢铁企业应根据自身生产流程的特点建立健全相应的能源统计体系，完善企业计量器具的配备，为本企业准确掌握自身能源消耗情况提供制度和硬件的保障。

二、技术措施

本标准作为《中华人民共和国节约能源法》的配套标准，同时配合《钢铁产业发展政策》，在现有流程设备的能耗上限和新建设备能耗方面的准入门槛方面考虑到淘汰落后工艺装备、提高节能技术普及率和二次能源回收利用等对能耗指标的影响，因此，鼓励现有企业淘汰落后设备，积极采取有效节能技术，新建设备必须满足产业政策规定的大型化的要求，并配备节能工艺设备，以达到标准规定的能耗限额指标。

1. 厚料层烧结技术

生产实践证明，烧结料层厚度对于提高产量、降低能耗有重大的影响。如宝钢 2 号烧结机 495 m^2 料层厚度由 500 mm 提高到 630 mm，工序能耗由 72.14 kgce/t 降到 55.3 kgce/t。莱钢 105 m^2 烧结机料层由 500 mm 提高到 600 mm，生产能耗显著下降，固体燃耗降低了 9 kg/t，工序能耗降低 6.82 kgce/t。

2. 燃料分加，改善固体燃料的燃烧条件

加强原料的混合制粒后，传统的燃料添加方式会造成矿粉深层包裹焦粒，从而妨碍燃料颗粒的燃烧。通过把燃料在一混、二混分别添加，以焦粉为核心外裹矿粉的颗粒数量及深层嵌埋于矿粉粘附层里的焦粉数量都会受到限制，而大多数燃料附着在球粒表层，甚至明显暴露在外，从而处于极有利的燃烧状态。因此，焦粉分加有利于燃料的充分燃烧，能改善燃烧效果，降低固体燃耗。

3. 烧结矿显热回收技术

在钢铁企业中，烧结工序的总能耗仅次于炼铁，居第二位，一般为钢铁企业总能耗的 10%～20%。我国烧结工序的能耗指标和先进国家相比差距较大，每吨烧结矿的平均能耗要高 20 kgce。因此，我国烧结节能的潜力很大。

国内外对烧结余热的回收利用进行了大量的研究，据日本某钢铁厂热平衡测试数据表明，烧结机的热支出中烧结矿显热占 28.2%、废气显热占 31.8%。由此可见，烧结厂余热回收的重点应为烧结废(烟)气余热和烧结矿(产品)显热回收。

如何有效回收利用烧结矿余热，降低烧结工艺能耗，是国内钢铁行业中普遍存在并关注的一个课题。目前，国内钢铁企业中不少企业采用烧结矿余热回收蒸汽，如武钢、鞍钢等，但是对于蒸汽的利用不充分，造成能源浪费。国内先进企业烧结余热回收参数见表 1-29，国外先进企业生产每吨烧结矿可回收余热蒸汽 80 kg/t～100 kg/t。

另外近两年，济钢和马钢分别采用国产和日本技术把烧结矿余热回收的蒸汽用于发电，取得了良好的利用效果，但其技术完善和蒸汽能源的合理利用方法有待进一步研究。

表 1-29　国内先进企业烧结余热回收参数表

企业	烧结机面积/m^2	冷却面积/m^2	余热回收方式	蒸汽参数		
				蒸发量/(t/h)	压力/MPa	温度/℃
1	450		主排锅炉	16～25	1.6	260
			环冷锅炉	28～45	1.6	260
2	2×90	134	环冷	16.5	1.0	194
3	合计 675	652	机上冷却	3.5	0.25	176
4	265	280	环冷	18	0.8	170
5	180	190	环冷	7	0.9	175

4. 高炉喷煤

通过高炉喷煤，可以改善炼铁技术经济指标，节焦、节能和降低成本。高炉喷煤中煤粉准备和喷吹能耗约为 20 kgce/t，而焦炭生产工序能耗约为 100 kgce/t～180 kgce/t，考虑到置换比,喷煤对降低吨铁能耗的作用是相当明显的,同时,吨铁喷入 100 kg 煤粉,可降低 60 元成本。如果采用富氧鼓风,则有利于提高煤粉燃烧速率,可进一步提高喷煤量。

5. 高炉炉顶余压发电

现代高炉炉顶压力高达 0.15 MPa～0.25 MPa,炉顶煤气中存在大量势能。TRT 是利用高炉炉顶排出的具有一定压力和温度的高炉煤气,推动透平膨胀机旋转做功、驱动发电机发电的一种能量回收装置,根据炉顶压力不同,每吨铁可发电约 20 kW·h～40 kW·h。如果高炉煤气采用干法除尘,发电量还可增加 30%左右。一般 1 000 m^3 以上的高炉,炉顶压力大于 0.12 MPa,7 年内可收回投资。炉子越大,炉顶压力越高,投资回收期越短。

该技术可回收高炉鼓风机所需能量的 30%左右,实际上回收了原来在减压阀中白白丧失的能量。这种发电方式既不消耗任何燃料,也不产生环境污染,发电成本又低,是高炉工序的重大节能项目,经济效益十分显著。此项技术在国外已非常普及,国内也在逐步推广。

6. 全烧高炉煤气锅炉技术

全烧高炉煤气锅炉运行不受季节限制,可以全天候回收高炉煤气,每年减少高炉煤气放散约 16.26 亿 m^3,全年可增加供蒸汽量 57.6 万 t,增加发电量 4 320 万 kW·h,增加供电量 3 181.86 万 kW·h,节约标准煤 17.6 万 t,综合经济效益达 4 000 万元/a 以上。

近年来,我国钢铁工业发展迅速,高炉数量在不断增加,我国规模小的企业还不少,它们大多设备落后,高炉煤气回收设备不健全,煤气放散率高。表 1-30 列出了我国重点钢铁企业的煤气放散情况。

表 1-30　重点钢铁企业副产煤气放散和利用情况

年　份	高炉煤气放散率/%	焦炉煤气放散率/%	转炉煤气回收量/(m^3/t)
2001 年	8.87	2.08	38
2002 年	6.87	2.73	37
2003 年	9.51	2.39	41
2004 年	4.40	3.41	42
2005 年	10.46	5.76	54
2006 年	9.78	4.18	56

由表 1-30 中可以看出重点钢铁企业的煤气放散率还比较高,在高炉煤气回收方面还有很大的潜力,这部分放散的煤气如果全部回收利用,对企业自身来讲也有积极的意义。

7. 转炉煤气回收技术

我国钢铁企业转炉煤气回收量仍偏低,2007 年全国重点大中型企业转炉煤气回收量平均值仅为 65 m^3,而国内先进企业如宝钢、武钢等转炉煤气回收量可达 100 m^3 左右,国际先进水平则可高达 110 m^3,因此我国钢铁企业转炉煤气回收仍有较大潜力,转炉煤气回收技术仍是钢铁企业应注重的回收技术。

第五节 粗钢生产主要工序单位产品能源消耗限额计算示例

在钢铁企业中，钢铁生产流程工序单位产品能源消耗是以月或年为报告期进行统计，以下计算 GB 21256—2007 中所规定的粗钢生产主要工序单位产品能源消耗限额，各工序能源消耗统计以标准中所规定的工序能耗的统计范围一致。

一、烧结工序单位产品能耗

某企业 2008 年烧结矿产量 1 715.45 万 t，烧结工序能源消耗、能源回收情况详见表 1-31。

表 1-31 某企业 2008 年烧结工序能源消耗与回收

项 目			实物量	折算系数	标准煤量/万 tce
消耗	固体燃料	无烟煤	3.258 万 t	0.857 1 kgce·kg^{-1}	2.792
		焦粉	69.095 万 t	0.971 4 kgce·kg^{-1}	67.119
	点火煤气		1 286 406 GJ	34.14 kgce·GJ^{-1}	4.392
	电力		66 300.2 万 kW·h	0.122 9 kgce·$(kW·h)^{-1}$	8.148
	蒸汽		177 881 GJ	34.14 kgce·GJ^{-1}	0.607
	新水		301.23 万 t	0.364 kgce·t^{-1}	0.110
	其他		—	—	0.007
	合计 e_{sjz}		—	—	83.175
回收	蒸汽		0 GJ	34.14 kgce·GJ^{-1}	0
	电		0 万 kW·h	0.122 9 kgce·$(kW·h)^{-1}$	0
	合计 e_{sjh}		—	—	0
注：能源折算系数取自 GB 21256—2007《粗钢主要生产工序能源消耗限额》附录 A。					

根据烧结工序单位产品能耗计算公式，$E_{SJ}=\dfrac{e_{sjz}-e_{sjh}}{P_{SJ}}$，其中：

e_{sjz}＝烧结工序消耗能源介质实物量×相应的折标准煤系数

e_{sjh}＝烧结工序回收能源介质实物量×相应的折标准煤系数

因此，烧结工序单位产品能耗 $E_{SJ}=\dfrac{e_{sjz}-e_{sjh}}{P_{SJ}}=\dfrac{83.175\text{ 万 tce}}{1\ 715.45\text{ 万 t}}=0.048\ 49\ \text{tce/t}=$ 48.49 kgce/t，计算结果表明该厂烧结工序能耗已达到限额限定值，但与限额先进值 47 kgce/t 相比，还有一定差距。由于该烧结工序没有烧结余热回收，因此，若能进行烧结余热回收，该烧结工序能耗能达到限额先进值水平。

二、高炉工序单位产品能耗

某企业 2008 年生铁产量 1 554.09 万 t，高炉工序能源消耗、能源回收情况详见表 1-32。

表 1-32　某企业 2008 年高炉工序能源消耗与回收

项	目	实物量	折算系数	标准煤量/万 tce
消耗	无烟煤	177.462 万 t	0.857 1 $kgce \cdot kg^{-1}$	152.103
	喷吹煤	76.921 万 t	0.618 0 $kgce \cdot kg^{-1}$	46.853
	冶金焦	598.425 万 t	0.971 4	581.310
	焦炉煤气	1 402 643 GJ	34.14 $kgce \cdot GJ^{-1}$	4.789
	高炉煤气	29 456 274 GJ	34.14 $kgce \cdot GJ^{-1}$	100.564
	电力	52 257.4 万 kW·h	0.122 9 $kgce \cdot (kW \cdot h)^{-1}$	6.422
	鼓风	1 688 425 万 m^3	0.023 $kgce \cdot m^{-3}$ [1)]	38.834
	蒸汽	1 752 442 GJ	34.14 $kgce \cdot GJ^{-1}$	5.983
	氧气	50 296.93 万 m^3	0.080 7 $kgce \cdot m^{-3}$ [1)]	4.059
	氮气	78 215.40 万 m^3	0.015 $kgce \cdot m^{-3}$ [1)]	1.173
	其他	—	—	1.847
	合计 e_{glz}	—	—	943.937
回收	煤气	76 096 392 GJ	34.14 $kgce \cdot GJ^{-1}$	259.945
	电	34 244.7 万 kW·h	0.122 9 $kgce \cdot (kW \cdot h)^{-1}$	4.208
	余热蒸汽	1 029 627	34.14 $kgce \cdot GJ^{-1}$	3.515
	合计 e_{glh}	—	—	267.658

1)　能源折算系数为企业实际值，其他能源折算系数取自 GB 21256—2007《粗钢主要生产工序能源消耗限额》附录 A。

根据高炉工序单位产品能耗计算公式，$E_{GL}=\frac{e_{glz}-e_{glh}}{P_{GL}}$，其中：

e_{glz}＝高炉工序消耗能源介质实物量×相应的折标准煤系数

e_{glh}＝高炉回收能源介质实物量×相应的折标准煤系数

则高炉工序单位产品能源为 $E_{GL}=\frac{e_{glz}-e_{glh}}{P_{GL}}=\frac{(943.937-267.658)\text{万 tce}}{1\ 554.09\text{万 t}}=$ 435.16 kgce/t。结果表明该厂高炉工序能耗已达到限额限定值，但与限额先进值 387 kgce/t，还有较大差距。该厂高炉工序 TRT 发电量较低，仅 22(kW·h)/t，与二次能源回收量先进值有较大差距。

三、转炉工序单位产品能耗

某企业 2008 年粗钢产量 1 556.41 万 t，转炉工序能源消耗、能源回收情况详见

表 1-33。

根据转炉工序单位产品能耗计算公式，$E_{ZL}=\frac{e_{zlz}-e_{zlh}}{P_{ZL}}$，其中：

e_{zlz}＝转炉工序消耗能源介质实物量×相应的折标准煤系数

e_{zlh}＝转炉回收能源介质实物量×相应的折标准煤系数

则转炉工序单位产品能源为 $E_{ZL}=\frac{e_{zlz}-e_{zlh}}{P_{ZL}}=\frac{(15.912-29.734)\text{万 tce}}{1\ 556.41\text{ 万 t}}=-8.8\ \text{kgce/t}$。

表 1-33　某企业 2008 年转炉工序能源消耗与回收

项　目		实物量	折算系数	标准煤量/万 tce
消耗	焦炉煤气	546 519 GJ	34.14 kgce·GJ^{-1}	1.867
	高炉煤气	559 030 GJ	34.14 kgce·GJ^{-1}	1.910
	转炉煤气	18 644 GJ	34.14 kgce·GJ^{-1}	0.064
	电力	30 362.3 万 kW·h	0.122 9 kgce·$(kW\cdot h)^{-1}$	3.732
	蒸汽	61 653 GJ	34.14 kgce/GJ	0.249
	氧气	82 221.64 万 m^3	0.080 7 kgce·m^{-3} 1)	6.635
	氮气	68 105.90 万 m^3	0.015 kgce·m^{-3} 1)	1.022
	其他	—	—	0.433
	合计 e_{zlz}	—	—	15.912
回收	转炉煤气	6 152 244 GJ	34.14 kgce·GJ^{-1}	21.016
	余热蒸汽	2 553 837 GJ	34.14 kgce·GJ^{-1}	8.718
	合计 e_{zlh}	—	—	29.734

1)　能源折算系数为企业实际值，其他能源折算系数取自 GB 21256—2007《粗钢主要生产工序能源消耗限额》附录 A。

计算结果表明该厂转炉工序能耗已达到限额限定值，但与限额先进值－20 kgce/t 还有较大差距。该厂转炉工序回收的二次能源量与 GB 21256—2007 中所给出的转炉工序二次能源回收量先进值相比有较大差距，二次能源回收量先进值为 30 kgce/t 折合 0.877 8 GJ/t，若该厂二次能源回收能达到该水平，二次能源回收总量应为 0.877 8 GJ/t×1 556.41 万 t＝13 662 166.98 GJ。而目前该回收总量仅为 8 706 081 GJ，相差 4 956 085.98 GJ。因此若二次能源回收量达到先进值，其转炉工序能耗可达－19.67 kgce/t，基本能够达到先进值水平。

四、电炉工序单位产品能耗

某企业 2007 年电炉工序产量 26.707 4 万 t，该电炉主要生产不锈钢，全废钢冶炼，其电炉工序能源消耗、能源回收情况详见表 1-34。

表 1-34　某企业 2007 年转炉工序能源消耗与回收

项	目	实物量	折算系数	标准煤量/万 tce
消耗	焦炉煤气	38 252 GJ	$34.14\ \mathrm{kgce\cdot GJ^{-1}}$	0.130 1
	高炉煤气	3 514 GJ	$34.14\ \mathrm{kgce\cdot GJ^{-1}}$	0.011 9
	电力	13 364 万 kW・h	$0.122\ 9\ \mathrm{kgce\cdot (kW\cdot h)^{-1}}$	1.642 4
	蒸汽	500 GJ	34.14 kgce/GJ	0.001 7
	氧气	1 773 万 m^3	$0.098\ \mathrm{kgce\cdot m^{-3}}$ 1)	0.173 8
	氮气	1 082 万 m^3	$0.015\ \mathrm{kgce\cdot m^{-3}}$ 1)	0.032 9
	其他	—	—	0.087 7
	小计 e_{dlz}	—	—	2.080 5

1)　能源折算系数为企业实际值，其他能源折算系数取自 GB 21256—2007《粗钢主要生产工序能源消耗限额》附录 A。

根据转炉工序单位产品能耗计算公式，$E_{DL}=\dfrac{e_{dlz}}{P_{DL}}$，其中：

e_{dlz}＝电炉工序消耗能源介质实物量×相应的折标准煤系数

则电炉工序单位产品能源为 $E_{DL}=\dfrac{e_{dlz}}{P_{DL}}=\dfrac{2.080\ 5\ 万\ \mathrm{tce}}{26.707\ 4\ 万\ \mathrm{t}}=77.90\ \mathrm{kgce/t}$。结果表明该厂电炉工序能耗已达到并优于限额先进值水平（限额先进值为 88 kgce/t）。

主要参考文献

[1]　殷瑞钰，王晓齐，李世俊，等．中国钢铁工业的崛起与技术进步[M]．北京：冶金工业出版社，2004.

[2]　殷瑞钰．绿色制造与钢铁工业，钢铁[J]，2003，38(8)：1～9.

[3]　殷瑞钰，张寿荣，王晓齐等．新世纪前 20 年中国钢铁工业的定位与发展战略[R]．北京：中国工程院，2006.

[4]　殷瑞钰，张春霞．钢铁企业功能拓展是实现循环经济的有效途径．钢铁[J]，2005，40(7)：1～8.

[5]　宝山钢铁股份有限公司．环境报告 2005. http://www.baosteel.com：30.

[6]　International Iron and Steel Institute-IISI，Statistics on Energy in the Steel Industry，Committee on economic Studies，Brussels，1996.

[7]　陈丽云．钢铁生产流程二次能源及高炉能效分析[D]．北京：钢铁研究总院，2006.

[8]　中野直和．日本钢铁行业对节能对策实际采取的措施[C]．中日钢铁业节能环保先进技术交流会议论文集，2004 年 7 月：17～33.

[9]　国家统计局．中国钢铁统计年鉴 2002[M]，北京：中国统计出版社，2003.

[10] 国家统计局.中国能源统计年鉴[M].北京:中国统计出版社,1996-2002.
[11] 陆钟武.论钢铁工业的废钢资源[J].钢铁,2002,37(4):66~70.
[12] 环境保护部.钢铁工业温室气体减排[R]北京:环境保护部,2008.
[13] 殷瑞钰.冶金流程工程学[M].北京:冶金工业出版社,2004,5.

第二章
焦炭单位产品能源消耗限额标　准

第一节　绪　　论

一、标准编制背景与目的

1. 我国焦炭生产规模及设备水平

随着国民经济的快速发展，我国钢铁产量不断增加。2008 年，我国粗钢产量达到 50 049 万 t，超过世界前四位国家钢铁产量的总和。由于我国 89%左右的钢铁生产采用高炉—转炉冶炼工艺，因此，钢铁行业对焦炭的需求越来越大。2008 年我国生产焦炭 32 700 万 t，占世界焦炭生产总量的 59.5%。中国是世界焦炭第一生产大国、消费大国和出口大国。由于高炉—转炉长流程在中国还将有一个长期的发展，因此，炼焦生产也将维持一段较长的高生产期。2006 年国家发改委工业司制定"煤化工产业发展政策"时提出"煤化工产业包括煤焦化、煤气化、煤液化和电石等行业，是技术、资金、水资源、能源密集型产业，对资源、生态、环境和社会配套条件要求较高"，并制定了"煤化工产业长期发展目标：严格控制焦炭和电石新增产能，焦炭基本满足钢铁工业与相关工业的需要"，这将是中国炼焦行业发展的指导原则。

据不完全统计，目前国内焦化企业达 1 000 余家，2008 年我国焦炭总产量为 3.27 亿 t，同比增长－0.4%，其中机焦产量 3.15 亿 t，较 2007 年同比增长 3.15%，随着国家加大对土焦与落后小机焦等生产装置的淘汰，机焦产量必将有更大的增长。目前我国钢铁企业焦炭消费量占国内焦炭产量的 85%左右（见图 2-1），而且消费比重将继续上升，逐步接近发达国家钢铁工业消费焦炭在 90%～95%的水平。而目前我国焦炭产能中只有 35%的生产能力布局在钢铁联合企业内，65%的焦炭生产能力仍在独立焦化生产企业。

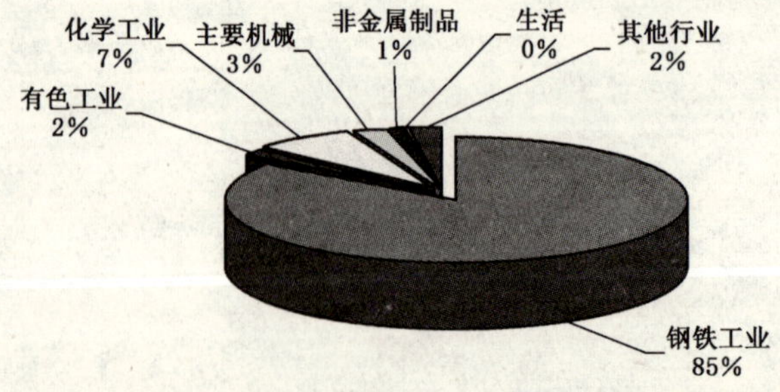

图 2-1　2006 年中国焦炭消耗比例图

就炼焦设备来说，目前我国炼焦行业落后设备仍然占有一定比例，世界焦炉的主体水平为炭化室高度 6 m 以上，我国的主体水平为 4.3 m（表 2-1）。但是，自 2004 年在国家

《焦化行业准入条件》等一系列产业政策的指导下，我国焦炉装备大型化和落后产能淘汰步伐加快进行，特别是我国自主创新的炭化室高 5.5 m、6.25 m 捣固焦炉和 7 m 顶装焦炉以及 7.63 m 顶装焦炉的相继投产，进一步促进了我国焦化行业产业结构的优化升级。四年来，我国累计淘汰土焦、改良焦、小半焦(兰炭)焦炉和小机焦产能约 1.2 亿 t，同期新增大型机焦炉产能约 1.01 亿 t，加速了大型化、现代化机焦炉对落后产能的置换。在四年间新增焦炉产能中，炭化室高 5.5 m 捣固焦炉和 6 m 以上顶装焦炉 104 座，约占全国新增焦炉座数的 53%、约占全国新增焦炉产能的 63%。2008 年投产的焦炉中，炭化室高 5.5 m 捣固焦炉和 6 m 以上顶装焦炉的比例达到 71%(见图 2-2)。

表 2-1　我国炼焦设备情况

项目	世界平均水平	我国主体水平	产业政策标准
焦炉	炭化室高度 6 m 以上	4.3 m	≥6 m

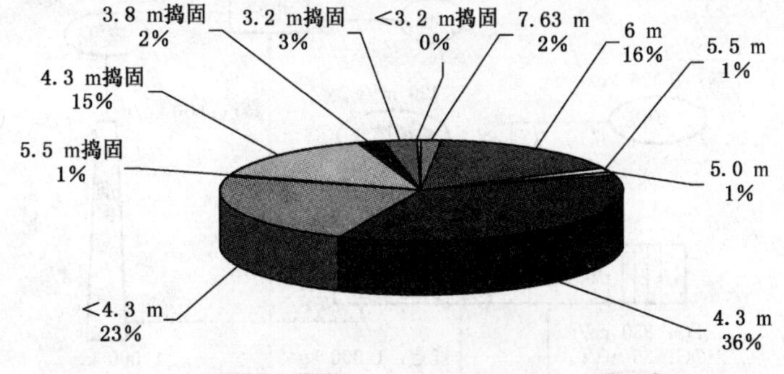

图 2-2　截至 2007 年底我国各类焦炉产能比例

预计到 2009 年底，我国炭化室高 5.5 m 捣固焦炉和 6 m 以上顶装焦炉的产能将达到 1 亿 t 以上，占全国机焦总产能由 2005 年的 10%上升到 28%以上；即将淘汰的 4.3 m 以下小机焦炉和小半焦(兰炭)炉产能约 3 000 万 t，比 2005 年约 1.2 亿 t 减少 9 000 万 t 左右；土焦、改良焦基本取缔，我国焦化行业结构调整取得了重大突破型进展。

相对来说，独立焦化厂设备落后问题较为突出，基本没有配备干熄焦。尚有部分独立焦化厂的焦炉煤气没有得到很好的利用，甚至向大气中放散。据估计，独立焦化企业每年放散的焦炉煤气达 100 亿 m^3 以上。而钢铁联合企业的焦化厂技术装备比较先进，由于钢厂制造流程各工序的集中性和连贯性，二次能源利用(主要为煤气和干熄焦蒸汽)比较容易，工序能耗低。

过去，我国焦化厂很少采用炼焦配煤预处理技术，只有宝钢引进了型煤技术和酒钢引进了风力选择粉碎技术。但是，从本世纪开始，我国焦化厂为了节能减排、提高焦炭质量和节省优质炼焦煤，积极采用煤调湿、捣固炼焦等炼焦配煤预处理技术。

2007 年 10 月，济钢焦化厂自主开发的以焦炉烟道废气为热源的 300 t/h 气流床分级-调湿一体化煤调湿装置成功运行；2008 年～2009 年，宝钢、太钢和攀钢以低压蒸汽为热源的煤调湿装置投产；马钢引进日本以焦炉烟道废气为热源的气流床煤调湿装置正在进行中。

与此同时，我国独立焦化厂在大力推广捣固炼焦技术，开始是炭化室高 4.3 m 的捣固焦炉，近几年是建设炭化室高 5.5 m 的捣固焦炉。涟钢和攀钢 5.5 m 捣固焦炉的投产，表明我国的钢铁企业也在接受和采用捣固炼焦技术。2009 年 3 月，我国自主研发的世界最高的 6.25 m 捣固焦炉在河北唐山佳华煤化工厂的投产，标志着我国捣固炼焦技术已达到国际先进水平。

2. 焦炭生产能源消耗情况

由于炼焦煤是稀缺的煤种，在世界上也非常紧缺，特别是高炉大型化后，对焦炭质量的要求越来越高，质量优良的炼焦煤，如主焦煤、肥煤价格将持续走高，导致焦炭价格很难大幅下降。这点应引起钢铁业的注意。

以比较好的水平，每生产一吨焦炭，大约需要消耗焦煤(实际为以焦煤为主的混配煤，干基)1.326 t(图 2-3)，但多数独立焦化厂的焦煤消耗高，达到 1.45 t～1.55 t，高出 9.4%～16.8%左右。

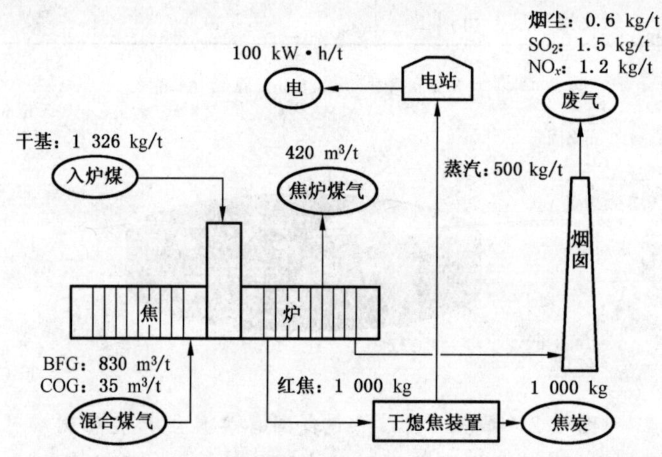

图 2-3 焦炉炼焦系统物料及热能利用

虽然我国是煤炭大国，但是焦煤资源紧缺。据估计，我国焦煤资源静态可供年限已不足 20 年，世界焦煤也很缺乏，静态可供年限约 50 年。

焦化工序能耗占吨铁能耗的 15%～20%，降低炼焦过程能源消耗和回收利用焦炉煤气是降低焦化工序能耗的重中之重。2005 年，国内重点钢铁企业焦化工序平均能耗为 142.21 kgce/t(指在钢铁企业的焦化厂的水平)，但焦化行业(多为独立焦化厂)的平均工序能耗为 160 kgce/t，比国际先进指标 125 kgce/t 高出 35 kgce/t。按年产 3.3 亿 t 焦炭计算，我国焦化行业每年多消耗能源约 1 155 万 tce。当前应该积极促进独立焦化厂降低能耗，减少排放。

焦化厂节能减排的途径是：

(1) 建设现代化的大型焦炉，淘汰能耗高、装备水平落后的小型焦炉

对含有 7%水分的每千克非捣固干煤相当炼焦耗热量而言，小型焦炉的炼焦耗热量是大型焦炉的 1.25 倍；中型焦炉的炼焦耗热量是大型焦炉的 1.11 倍。至 2009 年底我国仍有约 3 000 万 t 的炼焦产能是由耗能高、装备水平落后的 4.3 m 以下小机焦炉和小半焦(兰炭)炉构成的。仍有 60%产能是炭化室高 4.3 m 的中型焦炉构成的，根据一代炉龄 30 年测算，这些 4.3 m 焦炉大约还要服务到 21 世纪一二十年代。因此，应该建设现代化的大型焦炉，尽快淘汰能耗高、装备水平落后的小焦炉，逐步替代中型焦炉。

(2) 研发荒煤气带出热的回收和利用

从炭化室经上升管逸出的650 ℃～700 ℃荒煤气带出热占焦炉总热量的36%。按现有工艺，为了冷却高温的荒煤气必须喷洒大量70 ℃～75 ℃的循环氨水，高温荒煤气因循环氨水的大量蒸发而被冷却至82 ℃～85 ℃，再经初冷器冷却至22 ℃～35 ℃，荒煤气带出热被白白浪费。应积极研发荒煤气带出热的回收和利用，如用导热油回收荒煤气显热、用于蒸氨、焦油蒸馏、硫铵干燥等；将荒煤气的带出热用于加热和制冷；利用荒煤气显热进行高温热裂解或重整，将COG中煤焦油、粗苯、氨、萘等有机物热裂解成以CO和H_2为主要成分的合成气体，然后去合成氨或合成甲醇或生产二甲醚，也可以直接还原制海绵铁。

(3) 焦炉煤气的资源化利用

COG含有54%～59%H_2和24%～28%CH_4，只有在万不得已的情况下，才应用作燃料和发电，因为比较而言，直接燃烧和发电的效益最差，但是目前大多数钢铁企业的焦炉煤气均是用作燃料。应大力提倡将COG燃料化利用改为资源化利用，高质量地利用COG不仅有利于降低钢铁企业单位产品的能源消耗和排放负荷，甚至能开发出大量最清洁能源——氢气。因为COG含有丰富氢和CH_4，是优质制氢原料气，只需按照焦化厂现有煤气净化工艺，去除有害杂质，即可通过变压吸附(PSA)技术提取出高纯度(99.99%)氢。1 m^3 COG约可制取0.44 m^3氢。COG分离出氢后，剩余气体中CH_4含量提高1倍多，煤气热值提高20%以上，使用价值更高。因此，COG制氢有可能成为大规模、高效、低成本生产氢的有效途径，促进钢铁企业的环境改善和向工业生态化转型。

应当看到，自2004年12月在云南曲靖大为炼焦制气供气厂成功投产以来，中国炼焦煤气制甲醇已成为炼焦企业新的经济增长点，尤其当今石油价格大幅震荡，煤炭价格也随波逐流几度高攀，更显出炼焦煤气制甲醇的优势，目前全国炼焦煤气制甲醇的总产能将达到322万t，将消耗焦炉煤气70亿m^3，是炼焦煤气优化利用的又一途径。

(4) 大力推广干熄焦工艺

干熄焦是相对于用水熄灭炽热红焦的湿熄焦而言的。其基本原理是：利用冷惰性气体在干熄炉中与红焦直接换热，从而冷却焦炭。采用干熄焦可回收约80%红焦显热，平均每熄一吨红焦可回收3.9 MPa、450 ℃蒸汽0.5 t～0.6 t，可直接送入蒸汽管网，也可发电；采用干熄焦可以改善焦炭质量，降低高炉焦比或在配煤中多用10%～15%的弱粘结性煤；吨焦炭节水0.43 m^3；采用干熄焦技术可净降低炼焦能耗40 kgce/t～50 kgce/t。

截至2009年11月中旬，我国投产运行的干熄焦装置共90套，有8 654万t年焦炭生产能力配置了干熄焦装置，占我国2008年钢铁工业耗焦总量28 000万t的30.9%。我国在建和已投产的干熄焦装置共143套，已经和正在为14 138万t年焦炭生产能力配置干熄焦装置，占我国机焦产能3.86亿t的36.6%，相当于我国2008年钢铁工业耗焦总量的50.5%。我国大中型钢铁企业焦炭生产的干熄焦率已达65%～70%。当前世界各国已投产、正在施工和设计的干熄焦装置300多套。按干熄焦能力计，我国位居世界第一位。

最近几年高炉炼铁焦炭的消耗量持续下降，尤其是随着还原剂喷入量的增大，这种下降更为明显。许多现代高炉的焦炭消耗量为300 kg/t铁左右，然而要求高炉中不加焦炭是不现实的，焦炭仍然是高炉炼铁工艺不可缺少的重要原燃料之一，因此炼焦厂作为高炉的原燃料供应者将继续成为高炉—转炉工艺流程的重要组成部分。总之，炼焦厂与钢铁厂整体系统是联系在一起的，在钢铁联合企业中，如果高炉炼铁所用的焦炭由炼焦厂供应，那么高炉和炼焦车间之间存在着一个相互联系的能源网。因此，优化焦炉煤气的综合利用具有重要的意义。

炼焦行业总体设备落后，且二次能源如煤气、蒸汽回收利用程度偏低，客观上造成了焦化工序能耗偏高，因此，必须严格设备的能耗准入门槛，同时对能耗高的设备进行淘汰，才能保证炼焦行业步入良性发展的轨道。

我国是人口大国，资源、能源相对不足，节能问题显得尤为突出。国家出台了一系列与节能相关的法律法规，在2005年颁布了《钢铁产业发展政策》，其中对炼焦行业做出了具体的规定：加快淘汰并禁止新建土焦(含改良焦)，新建焦炉炭化室高度6 m及以上，并且要求企业应根据发展循环经济的要求，采用干熄焦、焦炉煤气回收利用等措施。为进一步贯彻国家节能降耗的要求，降低焦炭生产能源消耗，加强淘汰落后力度，严格准入条件，避免低水平重复建设，特制定焦炭单位产品能源消耗限额标准，作为焦化企业能耗方面的约束门槛，以保持焦化行业的健康发展。

二、标准编制过程

GB 21342—2008《焦炭单位产品能源消耗限额》由国家发改委资源节约和环境保护司、国家标准化管理委员会工业交通部提出，由全国能源基础与管理标准化技术委员会归口，由中国钢铁工业协会和钢铁研究总院共同组织专家起草完成。

对于限额指标数值的选取，是以国内外企业调研及文献数据为基础，通过对近10年国内重点大中型企业的炼焦工序能耗进行分类整理，分析比较国内外能源消耗和节能技术的进展，为提出限额值和准入值奠定基础。并对日本、德国及国际钢铁协会等有关钢铁行业炼焦工序的能源消耗、节能技术应用以及能耗计算中的电力折算系数等相关折算系数进行深入调研、分析，为提出标准的目标值提供依据。2006年8月底提出了限额标准的设想和方案并于9月初组织行业有关能源专家进行研讨，讨论标准制定过程中应明确的重点问题，以及标准制定原则等，对原有指标体系和计算方法中不符合目前实际情况、需要修正改进的方面进行讨论并重新标定。在此基础上形成了焦炭产品能耗限额的讨论稿。

接下来，先后组织钢铁企业及能源专家召开了两次专家讨论会，进一步讨论、修改了讨论稿，在此基础上2006年12月形成了限额标准征求意见初稿；与焦化行业协会共同发文书面征求了部分科研院校及焦化部门的意见，并邀请部分焦化行业及钢铁企业焦化方面的专家召开座谈会，根据书面征求意见及专家建议，对初稿作了进一步的修改；2007年4月，在炼焦协会的配合下，重新对41家钢铁企业焦化厂和30家独立焦化厂能耗进行了详细调研，将收集的调查表数据进行分析计算，对征求意见稿进行了进一步修改，形成送审稿；2007年9月召开了“焦炭单位产品能源消耗限额标准”审定会，根据会上评审专家意见对送审稿进行修改，形成《焦炭单位产品能源消耗限额标准》报批稿。

第二节　能源消耗限额指标的确定

一、限额指标的选取

标准中的限额指标分为焦炭单位产品综合能耗限额限定值、限额准入值和限额先进值三种。其中能耗限额限定值和能耗限额准入值为强制性指标。能耗限额指标是针对现有企业的设备设定的，主要作用是淘汰落后和鼓励技术改造，考虑到现有企业现有设备能耗降低的局限性，其取值略高；能耗限额准入值是针对新建项目（设备）设定的，主要作用是作为新建项目（设备）的准入门槛限制，为保证新建项目（设备）的先进性，限额准入比较严格；而能耗限额先进值作为国内国外先进能耗水平，为企业提供努力的方向，不作为强制性指标。

另一方面，标准中为体现二次能源利用对于降低能耗方面的重要作用，特提出了焦炭生产工序主要二次能源的回收目标值，此项指标不作为强制指标，目的是给企业提供一个努力方向。

二、限额指标值的确定依据

标准中限额值的取值大致是按照淘汰占总产能30%左右的落后产能考虑的；准入值是对新建设备根据产业政策规定的装备水平按照较好的水平来确定的；目标值以目前国际或国内先进水平而定。钢铁行业对焦化生产工序能耗有一套系统的统计数据，首先综合十几年来钢铁联合企业平均焦化工序能耗情况（见表2-2），并结合2005年各主要钢铁企业的统计报表数据，初步确定标准限额指标值。

表2-2　1980年～2005年钢铁企业的焦化工序能耗

年　份	1980	1985	1990	1995	2000	2001	2002	2003	2004	2005
焦化工序能耗/(kgce/t)	217	187	185	180	160.20	153.98	150.32	148.51	142.21	142.21
注：2000年以后为重点大中型企业的数据。										

在炼焦生产中以煤为能源和加工原料的生产，难免产生物料的重量损失，有些是工艺性损耗，有些是技术与管理性损耗；一般学者认为损耗应在3%～4%。折合标准煤10 kgce/t～30 kgce/t，也就是说企业的能源转换差一般在10 kgce/t～30 kgce/t。在企业的焦化工序报表数据中，有部分企业出现焦化工序能源转换差为负值的情况，如表2-3所示。

表2-3　某钢铁企业焦化工序能耗按企业折算系数核算（电力取等价）

项　目	单位	实物量单耗	折算系数	能耗
		单位/t	kgce/单位	kgce/t
投入				
洗精煤	kg	1 262.04	1.001	1 263.31
小计				1 263.31
产出				
焦炭	kg	924.026 4	0.97	896.31
焦粉	kg	75.974 1	0.97	73.69
COG	GJ	7.54	34	256.31
粗苯	kg	7.81	1.428 6	11.16

续表 2-3

项　目	单位	实物量单耗	折算系数	能耗
		单位/t	kgce/单位	kgce/t
焦油	kg	33.02	1.142 9	37.74
小计				1 275.20
能源转换差				−11.90
其他消耗				
BFG	GJ	2.31	34	78.67
COG	GJ	1.07	34	36.32
BOFG	GJ	0.06	34	2.04
天然气	GJ	0.00	34	0.08
电力	kW·h	45.82	0.404	18.51
蒸汽	GJ	0.29	34	9.91
水	t	1.04	0.033 5	0.03
循环水	t	0.17	0.033 5	0.01
氮气	m^3	7.54	0.030 4	0.23
压缩空气	m^3	12.80	0.012 2	0.16
小计				145.95
CDQ 回收蒸汽	GJ	0.84	34	28.56
小计				28.56
工序能耗				105.49

为此将表中的能源折算标准煤系数按统一标准替换，结果见表 2-4。

表 2-4　某钢铁企业焦化工序能耗按统一的折算系数核算（电力取等价）

项　目	单位	实物量单耗	折算系数	能耗
		单位/t	kgce/单位	kgce/t
投入				
洗精煤	kg	1 262.04	1.014 3	1 280.09
小计				1 280.09
产出				
焦炭	kg	1 000	0.971 4	971.40
COG	GJ	7.54	34.16	257.51
焦油	kg	33.02	1.142 9	37.74
粗苯	kg	7.81	1.428 6	11.16

续表 2-4

项　目	单位	实物量单耗	折算系数	能耗
		单位/t	kgce/单位	kgce/t
小计				1 277.81
能源转换差				2.28
其他消耗				
BFG	GJ	2.31	34.16	79.04
COG	GJ	1.07	34.16	36.49
BOFG	GJ	0.06	34.16	2.05
天然气	GJ	0.00	34.16	0.08
电力	kW·h	45.82	0.404	18.51
蒸汽	GJ	0.29	34.16	9.95
水	t	1.04	0.085 7	0.09
循环水	t	0.17	0.971 4	0.16
氮气	m^3	7.54	0.4	3.01
压缩空气	m^3	12.80	0.04	0.51
小计				149.90
CDQ 回收蒸汽	GJ	0.84	34.16	28.69
小计				28.69
工序能耗				123.49

可见，按统一的标准能源折算标准煤系数计算，其能源转换差为正值，但仍比较小(2.28 kgce/t)。原因可能在于其吨焦洗精煤(干煤)耗量低(1 262.04 kg/t)，理论上此值在 1 326 kg/t 左右。企业报表中的焦化工序能耗数据不同程度的存在这个问题，因此为了保证数据的准确性，在重新规范企业焦化工序能耗统计范围和计算方法的基础上，对部分焦炭生产企业 2005 年焦化工序各能源实物量消耗重新进行了详细调研，重新计算核准工序能耗。参照报表数据和企业调研情况，对部分企业能耗数据进行了调整(见表 2-5 和表 2-6)。这部分的调整主要是基于焦化工序的能源转换差来进行的。此外，由于标准涉及到独立炼焦企业，同时也对部分独立炼焦企业能耗进行了调研，但由于独立炼焦企业能耗统计体系的欠缺，获得数据比较困难，仅得到 3 家独立炼焦企业数据。

表 2-5　调研企业重新计算能耗情况

序号	2005 年重新计算能耗	2005 年原报表能耗	焦　炉　情　况
1	160	160.29	共 17 座：4×6 m(配备 CDQ)，3×4.034 m、1×4.004 m、4×4 m、4×5.004 m、1×4.3 m，未配备 CDQ
2	165	142.66	共 2 座：2×4.3 m，均未配 CDQ
3	167.57	154.92	共 3 座：3×4.3 m，均未配 CDQ

续表 2-5

序号	2005年重新计算能耗	2005年原报表能耗	焦炉情况
4	142.32	125.14	共7座:4×4.3 m,3×6 m(2006年2台配备CDQ)
5	164.77	145.38	共4座:4×4.3 m,均未配CDQ
6	184.7	181.76	共3座:1×4.3 m,2×5.5 m,均未配CDQ
7	147.1	102.14	共4座:4×4.3 m,均未配CDQ
8	167.57	169.81	共2座:2×4.3 m,2006年配备CDQ
9	125.93	89.02	共12座:12×6 m,全部配备CDQ
10	169.48	161.66	共7座:4×4.3 m,3×6 m,均未配CDQ
11	143.17	184.95	目前共5座:2×4.3 m,3×6 m(2005年2座试生产,2006年1座试生产,配备CDQ)
12	129.232	172.88	05年干熄率为30%左右
13	143.87	139.85	共3座:3×4.3 m,均未配CDQ
14	141.9	141.91	共6座:6×5.5 m,2005年均未配CDQ,2006年2座配备
15	170.9	148.78	共2座:2×4.3 m,均未配CDQ
16	187.03	172.55	共5座:5×4.3 m,均未配CDQ
17	121.9	112.34	共9座:3×4.3 m(均未配CDQ),6×6 m(其中4座配备CDQ)
18	141.34	137.25	共4座:2×4.3 m,2×6 m,均未配备CDQ
19	106.6		共5座:2×2.8 m,3×4.3 m,均未配备CDQ
20	142.2	169.32	共2座:2×4.0 m,均未配备CDQ
21	77.71	98.44	共4座:3×4.3 m(1座配备CDQ),1×6 m(配备CDQ)
22	175	164.8	共4座:3×4.3 m(其中1座部分CDQ),1×6.3 m(配备CDQ)
23	127.9	137.41	3×6 m,均已配备CDQ
24	154.78	162.42	共6座:2×4.3 m,2×5 m,2×6 m,均已配备CDQ
25	132.9	130.91	共8座:4×5.5 m(均未配备CDQ),4×6 m(其中2座已配备CDQ)
26	153.66	165.54	共3座:3×4.3 m,均未配备CDQ
27	169.3	169.83	共8座:6×4.3 m,2×6 m,均未配备CDQ
28	149.67	149.67	共4座:2×4.3 m,2×6 m,均未配备CDQ
29	133.95	124.60	共6座:4×4.3 m,2×6 m,均未配备CDQ
30	133.23		共4座:2×4.3 m(均未配备CDQ),2×6 m(已配备CDQ)
31	124.88	135.80	共5座:5×4.3 m,其中3座配备CDQ
32	178.3	200	共2座:2×3.8 m,均未配备CDQ
33	173.5	178.56	共3座:3×4.3 m,均未配备CDQ
34		178.5	共3座:3×6 m,均未配备CDQ

表 2-6　调研企业数据差异及原因(按差异从小到大排序)

序号[1]	能源转换差	计算能耗与报表能耗差异	
		差值/(kgce/t)	比例/%
14	0	−0.01	0.0
28	3.51	0	0.0
1		−0.29	0.2
27	4.3	−0.53	0.3
8		−2.24	1.3
25	0	1.99	1.5
6	0.03	2.94	1.6
30	0	2.24	1.7
13	0.01	4.02	2.8
18	0	4.09	2.9
10	0	7.82	4.6
24	0	−7.64	4.9
22		10.2	5.8
29	0	9.35	7.0
23	0.1	−9.51	7.4
3	0	12.65	7.5
26	0	−11.88	7.7
16		14.48	7.7
17		9.56	7.8
31		−10.92	8.7
5	−11.12	19.39	11.8
4	0	17.18	12.1
15	0	22.12	12.9
2		22.34	13.5
20	0	−27.12	19.1
12	0.09	−33.19	23.8
11	−6.81	−41.78	29.2
9	0	36.91	29.3
7		44.96	30.6

1)　序号与表 2-5 序号相对应。

对各企业数据差异原因进行分析，结果如下：

(1) 从数据表面看，除个别企业是由于原统计范围没有包括煤气净化工序影响工序能耗外，其余几家能耗差异主要是由于能源折算系数变化的影响，主要为洗精煤、焦炭、高炉煤气、焦炉煤气的能源折算系数。

(2) 分析各企业能源转换差可发现大部分企业吨焦能源转换差基本为0，其中洗精煤和焦炉煤气、高炉煤气的能源折算系数对能源转换差影响很大，折算系数选取的准确与否，对能源转换差影响很大。

(3) 独立焦化厂与钢铁企业焦化厂差异显著，主要原因是煤气利用水平低，无干熄焦。

干熄焦技术是显著降低焦化工序能耗的重要措施，因此，标准中鼓励企业配套干熄焦设备，现根据理论计算估计企业配套干熄焦设备后可能达到的能耗水平(见表2-7)，以作为参考。

表2-7　若全部配套CDQ后各调研企业焦化工序能耗情况

序号[1]	若配套CDQ，可能达到的能耗水平/(kgce/t)	序号	若配套CDQ，可能达到的能耗水平/(kgce/t)
29	108.95	24	139.40
17	109.72	5	139.77
25	114.15	2	140.00
31	114.88	1	142.46
18	116.34	3	142.57
14	116.90	8	142.57
20	117.20	27	144.30
4	117.32	10	144.48
13	118.87	15	145.90
7	122.10	33	148.50
12	122.19	32	153.30
30	123.86	34	153.50
28	124.67	6	159.70
9	125.93	16	162.03
23	127.90	22	164.29
26	128.66		
11	133.80		

1)　序号与表2-5序号相对应。

本标准取值依据是2005年以前钢铁企业统计及调研数据，当时钢铁联合企业焦化厂尚未配备干熄焦设备的焦炉仍占有很大比例，独立炼焦企业基本都没有配备干熄焦。焦炭单位产品能耗限额限定值主要针对企业的现有设备设定，通过对企业上报数据进行分析并与有关专家讨论，最终选取了焦炭单位产品能耗限额限定值为 165 kgce/t，经初步测算此限额指标的选取可达到淘汰落后产能 30%左右的目的；考虑到如配套干熄焦设备，能耗会进一步降低，熄焦可降低焦化工序能耗 25 kgce/t～40 kgce/t 左右（表 2-7），且配套干熄焦是《钢铁产业发展政策》明确规定的，因此，本标准所选取的能耗限额准入值是以建设炭化室高度 6 m 以上焦炉并同时配备干熄焦设备为基础选取的，结合数据以及行业专家研讨，确定焦炭单位产品能耗限额准入值为 135 kgce/t，同时由于一些焦化厂采用捣固焦，使得能耗增加，且捣固焦不属于落后工艺，因此，标准中明确如企业采用捣固焦工艺，则允许限额准入值为 140 kgce/t。

能耗限额先进值的选取则是参考国外先进钢铁企业，结合国内先进企业的实际能耗情况选定的，最终选定为 125 kgce/t。

焦炭生产工序的主要二次能源为焦炉煤气和 CDQ 蒸汽，而对于钢铁联合企业来说，焦炉煤气回收利用量（或焦炉煤气放散率）只能作为衡量全厂二次能源回收利用的指标。因此，标准中选取干熄焦（CDQ）蒸汽回收量作为焦炭生产工序的主要二次能源回收指标，根据各企业回收情况调研，最终确定限额先进值为 60 kgce/t。

第三节　标准有关条文释义

GB 21342—2008《焦炭单位产品能源消耗限额》为第一部关于焦炭能源消耗限额方面的国家标准，已于 2008 年 6 月 1 日起正式颁布实施。

> **前　言**
>
> **本标准的 4.1 和 4.2 是强制性的，其余是推荐性的。**
>
> 本标准附录 A 为资料性附录。

【释义】

前言中明确指出标准中 4.1 和 4.2 为强制性指标，对于焦炭生产企业能源消耗具有严格的强制性约束。

> **1　范围**
>
> 本标准规定了焦炭单位产品能源消耗（以下简称能耗）限额的技术要求、统计范围和计算方法、节能管理与措施。
>
> 本标准适用于焦炭单位产品能耗的计算、考核以及新建装置的能耗控制。

【释义】

本章概括了 GB 21342—2008 的基本内容和适用对象。

需要说明的是，本标准不仅适用于钢铁企业的焦化工序能耗的计算、考核以及新建装置的能耗控制，同样也适用于独立焦化生产企业焦炭单位产品能耗的计算、考核以及新建装置的能耗控制。

2 规范性引用文件

下列文件中的条款通过本标准的引用而成为本标准的条款。凡是注日期的引用文件，其随后所有的修改单(不包括勘误的内容)或修订版均不适用于本标准，然而，鼓励根据本标准达成协议的各方研究是否可使用这些文件的最新版本。凡是不注日期的引用文件，其最新版本适用于本标准。

GB 17167 用能单位能源计量器具配备和管理通则

【释义】

本章列出了标准的规范性引用文件。在规范性引用文件中，应注意如果引用文件有最新版本，最新版本适用于本标准。本标准的规范性引用文件 GB 17167《用能单位能源计量器具配备和管理通则》在本标准发布时为 2006 版，此项引用标准规定了用能单位能源计量器具配备和管理的基本要求，为企业完善能源计量设施和能源计量管理提供了依据和指导，有利于企业进一步提高能源使用和计量管理水平，为强制性国家标准。

3 术语和定义

下列术语和定义适用于本标准。

3.1

焦炭单位产品综合能耗[1) **the comprehensive energy consumption per unit product of coke**

在报告期内炼焦工序生产单位合格焦炭所消耗的各种能源，扣除回收能源量后实际消耗的各能源折合标准煤总量。

【释义】

本章列出了标准使用的术语和定义。

本标准中最重要的一个概念就是焦炭单位产品综合能耗。“报告期内”规定了此能耗指标统计的时间段，所谓报告期并没有严格的时间长度，根据实际统计需要，可以为一年、一季度、一个月等；“单位产品”在本标准中指一吨焦炭；“综合能耗”是指生产单位合格焦炭所消耗各种能源的总和扣除回收后的净能耗，从定义中可以看出，如加强二次能源的回收，可直接降低焦炭单位产品综合能耗。此定义与钢铁企业的“焦化工序能耗”是同一个能耗指标，具有相同的含义。

4 技术要求

4.1 现有焦炭生产装置单位产品能耗限额限定值

当电力折标准煤系数采用等价值时，现有焦炭生产企业或工序的焦炭单位产品综合能耗应不大于 165 kgce/t。

【释义】

第 4 章为标准的核心内容，规定了焦炭单位产品能耗限额限定值和焦炭单位产品能耗限额准入值这两项强制性条款，以及焦炭单位产品限额先进值和焦炭生产主要二次能源先进值这两项推荐性条款。

本条为强制性条款，主要针对现有焦炭企业的现有焦炭生产设备而设定的能耗限额值，主要考虑到一些现有焦炭生产企业仍存在一些落后生产装备，或者虽然其规模可能不在国家淘汰目录内，但由于没有配套应有的节能措施，使得能耗偏高。为进一步淘汰落后装备提供依据，并推动企业积极采取节能措施。

4.2　新建焦炭生产装置单位产品能耗限额准入值

当电力折标准煤系数采用等价值时，新建或改扩建焦炭生产设备焦炭单位产品综合能耗应不大于 135 kgce/t，如使用捣固焦，焦炭单位产品综合能耗应不大于 140 kgce/t。

【释义】

本条为强制性条款，主要是为一些新建或现有企业的新建设备设定准入门槛，严禁一些能耗水平不过关的设备投产。由于一些焦炭生产企业使用捣固焦工艺，而此项工艺会使能耗有所增加，根据专家建议，标准中对于采用捣固焦工艺的焦炭生产设备的能耗限额值上浮了 5 kgce/t。

由于电力折算系数及其相关的能源折算系数的变化对能耗的影响较大，国家统计局 2005 年将电力折算系数等价值调整为当量值(即 1 kW·h＝0.122 9 kgce)。但考虑到国际钢铁界惯例(日本钢铁工业的电力折算系数是 1 kW·h＝10.3 MJ≈0.351 kgce，德国和钢铁行业 1 kW·h＝10 MJ≈0.341 kgce)，也考虑到本行业能耗数据连续性，以及缺乏历年基于以电的当量值为基础计算的焦化工序单位产品能耗的数据且焦化工序电力单耗波动较大等因素，所以经专家及与有关部门讨论决定本标准强制性条款(4.1 和 4.2)仍延续采用电力折算系统等价值体系进行计算。

4.3　焦炭生产装置单位产品能耗限额先进值

当电力折标准煤系数采用等价值时，焦炭生产企业或工序应通过节能技术改造和加强节能管理，达到焦炭单位产品能耗限额先进值，其值为焦炭单位产品综合能耗不大于 125 kgce/t。

【释义】

本条为推荐性标准条款，为企业提高能耗水平提供努力方向，鼓励一些先进企业、先进装备向这个目标值努力，但考虑到很多企业的实际装备情况等，此指标不作为强制性指标。

4.4　焦炭生产主要二次能源利用先进值

焦炭生产工序主要二次能源指标为干熄焦蒸汽回收量。

干熄焦蒸汽回收量是指每生产单位合格焦炭利用干熄焦装置回收的蒸汽量。

焦炭生产企业或工序应配备先进的节能设备，最大限度回收产生的能源，使干熄焦蒸汽回收量不小于 60 kgce/t。

【释义】

由于二次能源对于降低焦炭单位产品能耗具有非常重要的作用，因此标准中单独列出了主要二次能源的种类及回收量的先进值。焦炭生产过程中最主要的二次能源为焦炉煤气及红焦的热量，由于焦炉煤气用于全厂的能源平衡，不是属于焦化工序单独的指标，因此此处没有列出。红焦热量最有效的回收方式是通过干熄焦装置产生蒸汽来回收，因此本条给出了干熄焦回收蒸汽的先进值，鼓励企业采用干熄焦装置。

4.5 电力折标准煤系数按当量值时的焦炭单位产品能耗限额参考值

当电力折标准煤系数从等价值 0.404 kgce/(kW·h)改为当量值 0.122 9 kgce/(kW·h)时，焦炭单位产品综合能耗限额限定值、限额准入值和限额先进值的参考值见表 1。

表 1 电力折算标准煤系数为当量值时焦炭单位产品能耗限额参考值

单位产品综合能耗限额 限定值/(kgce/t)	单位产品综合能耗限额 准入值/(kgce/t)	单位产品综合能耗限额 先进值/(kgce/t)
155	125(若使用捣固焦，为 130)	115

【释义】

为了配合国家统一实施电力折算系数从等价值改为当量值的要求，本标准也提供新的电力折算系数下的焦炭单位产品能耗的参考值，由于缺乏足够的数据支撑，不作为强制标准实施。

当电力折算标准煤系数取当量值时，其工序能耗将降低 13 kgce/t 左右。可见电力折算标准煤系数的选取对焦化工序能耗具有重要影响。电力折算标准煤系数变化对炼焦工序能耗直接影响的大小取决于该工序用电量，通过对部分钢铁企业 2002 年～2005 年炼焦工序能耗电力消耗所占的比例进行调查可知，比例范围为 7%～15%，波动幅度较大。一方面是由于各企业能源消费结构不同，电力消耗在焦化工序能耗中所占的比例不同；另一方面是由于企业自身不同时期能源消费结构不同，同时环保项目的实施程度也造成用电量的差异。由于钢铁协会的会员企业自 2006 年开始报送电力折算系数 0.129 9 下的工序能耗数据，因此没有足够的数据支撑，根据现有数据并结合历史数据的推断，得到新电力折标准煤系数(当量值)下的限额指标值，只是初步的参考值。

5 统计范围和计算方法

5.1 能耗统计范围及能源折标准煤系数取值原则

5.1.1 统计范围

备煤(不包括洗煤)、炼焦和煤气净化工段的能耗扣除自身回收利用和外供的能源量，不包括精制。备煤工段包括贮煤、粉碎、配煤及系统除尘；炼焦工段包括炼焦、熄焦、筛运焦、装煤除尘、出焦除尘和筛运焦除尘；煤气净化工段内容包括冷凝鼓风、脱硫、脱氰、脱氨、脱苯、脱萘等工序和酚氰污水处理；干熄焦产出只计蒸汽，不含发电。

【释义】

统计范围和计算方法的统一对于企业计算焦化工序能耗非常重要，钢铁行业已有一套焦化工序能耗指标计算体系，但由于沿用时间较长，各企业能耗计算过程中出现了统计范围和计算方法上的不统一。独立焦化厂的能耗统计工作与钢铁企业焦化厂相比较弱，但生产过程及统计方法基本相同，因此，标准制定过程中仍以钢铁行业原计算方法为依据，通过征求企业和行业专家的意见，根据企业实际情况，进一步明确界定了焦炭生产工序的能耗统计范围和计算方法。

本条对焦炭单位产品综合能耗的统计范围作了进一步明确。炼焦工序能耗是指备煤车间（不包括洗煤）、炼焦车间和回收车间（煤气净化工段）、厂内部原料煤等的损耗以及辅助生产系统（机修、化验、计量、环保等）和生产管理、调度指挥系统等所消耗能源量，扣除自身回收利用和外供的能源量，不包括精制（虚线框以外的部分），不包含煤气精制和为生产服务的附属生产系统的食堂、浴池、保健站、休息室的能源消耗。其中备煤车间包括贮煤、粉碎、配煤及其除尘、煤调湿等；炼焦车间包括炼焦、熄焦、筛运焦、装煤除尘、出焦除尘和筛运焦除尘等；回收车间包括冷凝鼓风、氨回收、苯回收、脱硫、脱氰、脱萘等工序和酚氰污水处理；干熄焦产出只计到蒸汽，不含发电装置。如图 2-4 所示。

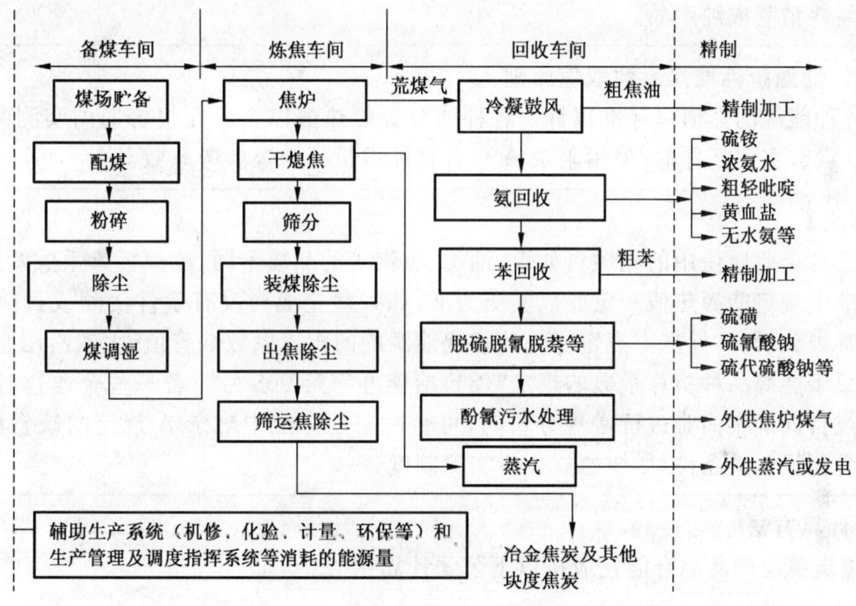

图 2-4　焦化工序能耗统计范围

炼焦生产是从炼焦备煤开始的，炼焦煤的制备是炼焦生产的第一道工序，包括来煤的接收、贮备、倒运、粉碎、配合和混匀等工序，通常这些工序被统称为备煤。配煤是将两种或两种以上的不同变质程度的单种煤，均匀地按适当的比例配合，使各种煤之间取长补短。通常采用自动化控制来进行配煤操作。而煤调湿是将炼焦煤料在装炉前除掉一部分水分，保持煤料水分稳定。具有提高焦炉生产能力，稳定焦炉操作，提高焦炭质量，减少焦炉耗热量，降低荒煤气中的水汽含量等功效。

将煤料粉碎配煤后，要在炼焦炉里进行炼焦，炼焦炉的生产操作，包括装煤、推焦、熄焦和筛焦四道主要工序。

在炼焦生产过程中，除了生产出焦炭外，同时还有大量的焦炉煤气产生，焦炉煤气中含有大量的宝贵的有机物质，若不加以回收，既污染了环境，又浪费了资源。焦炉煤气（也称作荒煤气）净化就是分离出焦油、氨水、粗苯（轻苯或重苯）等，把煤气和氨水中的氨、硫化氢、氰化氢等有害物质去除并制成有用的化学产品，最后获得以氢、甲烷等不凝性气体为主的精制焦炉煤气。从焦炉炭化室上升管出来的焦炉煤气温度约为 650 ℃～700 ℃，经循环氨水喷洒温度降低到 82 ℃～88 ℃，部分焦油、水汽、氨及其他化合物冷凝、冷却为液态，与氨水一同沿吸煤气管道注入冷凝鼓风；降温后的荒煤气进入初冷器，初冷后的煤气经电捕焦油器捕集焦油雾。而煤气鼓风机的作用是输送煤气，保证鼓风机前的吸力，使焦炉集气管压力稳定。煤气经鼓风机压缩合温度可达 20 ℃～30 ℃，为了满足后续净化工序的需要，必须进行冷却降温，故需终冷器。终冷是用循环终冷水直接喷洒冷却煤气，与此同时，一些萘也被终冷水洗去。终冷工序可设置在脱硫工序前，也可在洗苯工序前。配合煤中的硫约有 30%～40%转入煤气中，焦炉煤脱硫不仅可以提高煤气质量，同时还可以制成硫磺或硫酸，保护了环境。回收煤气中的氨通常有两种方法，一种是水洗脱氨，一种是用硫酸或磷酸吸收脱氨。而吸苯通常为煤气净化的最后一道工序，其回收的工艺过程为吸收-解析的联合中过程。粗苯是由多种芳烃和其他化合物组成的复杂混合物。主要成分有苯、甲苯、二甲苯、三甲苯等，粗苯本身用途有限，因此必须进行精制，将其中各组分分离并精制成纯产品。

5.1.2 能源折标准煤系数取值原则

各种能源的热值以标准煤计。各种能源等价热值以企业在报告期内实测的热值为准。没有实测条件的，采用附录 A 中各种能源折标准煤参考系数。

【释义】

由于各企业所使用的原燃料如煤、油类、蒸汽等的品质不同，能源折算系数差别很大，因此标准中规定能源热值一定要以实测为准，如一些企业尚没有条件实测或目前确实尚难进行常规分析时，标准中规定了一些常规能源的的折算系数缺省值，大致沿用原冶金工业部有关于能源品种折算系数的规定“(84)冶能办字第 005 号”，若一些企业暂时没有条件实测或目前确实尚难进行常规分析时，可暂时采用标准中附录 A 规定的缺省值，但要求企业要积极创造条件，尽快建立分析实测制度。

5.2 计算方法

焦炭单位产品综合能耗应按以下公式计算：

$$E_{JT}=\frac{e_{yl}+e_{jg}-e_{cp}-e_{yr}}{P_{JT}}$$

式中：

E_{JT}——焦炭单位产品综合能耗，单位为千克标准煤每吨(kgce/t)；

e_{yl}——原料煤量，单位为千克标准煤(kgce)；

e_{jg}——加工能耗量，是指炼焦生产所用焦炉煤气、高炉煤气、水、电、蒸汽、压缩空气等能源，单位为千克标准煤(kgce)；

e_{cp}——焦化产品外供量，是指供外厂(车间)的焦炭、焦炉煤气、粗焦油、粗苯等的数量，单位为千克标准煤(kgce)；

e_{yr}——余热回收量，如干熄焦工序回收的蒸汽数量等，单位为千克标准煤(kgce)；

P_{JT}——焦炭产量，单位为吨(t)。

【释义】

焦炭产品单位能耗的计算方法与《中国钢铁工业生产统计指标体系》中规定的计算方

法基本一致，只是在公式表现形式上作了明确。

6 节能管理与措施

6.1 节能基础管理

6.1.1 企业应定期对焦炭生产的能耗情况进行考核，并把考核指标分解落实到各基层部门，建立用能责任制度。

6.1.2 企业应按要求建立能耗统计体系，建立能耗计算和考核结果的文件档案，并对文件进行受控管理。

6.1.3 企业应根据 GB 17167 的要求配备能源计量器具并建立能源计量管理制度。

【释义】

本条列出了实施本标准所需的节能基础管理的要求，本标准的实施对象为焦炭生产企业，只有各焦炭生产企业充分认识到能源消耗的降低对于企业降低成本、提高竞争力所具有的重大作用，积极主动地节能降耗，而不是单方面的强制执行，本标准才能切实有效地发挥应有的作用。

6.2 节能技术管理

新建或改扩建焦炉，原则上要同步配套建设干熄焦装置，焦炉煤气应全部回收利用，不得直排或点火炬，要采用先进的配煤工艺，合理配比炼焦用煤，尽量减少优质主焦煤用量。

【释义】

本条列出了实施本标准所需节能技术管理的要求，提出了几点主要的措施，配套干熄焦，充分回收焦炉煤气以及保持工艺的先进性等。

本标准的根本作用就是促进焦炭生产企业节能降耗，从能耗指标上进行约束，但这又绝不仅仅只是能耗指标的问题，需要企业通过各种节能方式去努力提高企业的能耗水平，改善能耗指标。除管理措施外，提高装备水平、加强节能设备的配备，提高节能技术水平是最直接的途径。

附 录 A

（资料性附录）

各种能源折标准煤参考系数

能源名称	平均低位发热量	折标准煤系数
原煤	20 908 kJ/kg	0.714 3 kgce/kg
干洗精煤（灰分 10%）	29 689 kJ/kg	1.014 3 kgce/kg
无烟煤（湿）	25 090 kJ/kg	0.857 1 kgce/kg
动力煤（湿）	20 908 kJ/kg	0.714 3 kgce/kg

表（续）

能源名称	平均低位发热量	折标准煤系数
焦炭（干全焦） （灰分 13.5%）	28 435 kJ/kg	0.971 4 kgce/kg
高炉煤气	3 763 kJ/m³	0.128 6 kgce/kg
煤焦油	33 453 kJ/kg	1.142 9 kgce/kg
焦炉煤气	16 726 kJ/m³～17 981 kJ/m³	0.571 4 kgce/m³～0.614 3 kgce/m³
蒸汽（低压）	3 763 kJ/kg	0.128 6 kgce/kg
蒸汽（中高压）		0.12 kgce/kg
粗苯	41 816 kJ/kg	1.428 6 kgce/kg
热力（当量值）		0.034 12 kgce/MJ
电力（等价值）	11 826 kJ/（kW · h）	0.404 0 kgce/（kW · h）
电力（当量值）	3 600 kJ/（kW · h）	0.122 9 kgce/（kW · h）

注 1：洗精煤或煤炭的灰分、水分每增、减 1%，则热值相应要减、增约 334 kJ/kg。

注 2：无烟煤、动力煤热值波动范围较大，推荐值为大体平均值。

【释义】

附录 A 给出了各种能源折标准煤参考系数。

第四节　实施标准的有关措施

一、管理措施

本标准的实施对象为焦炭生产企业，只有各焦炭生产企业充分认识到能源消耗的降低对于企业降低成本、提高竞争力所具有的重大作用，积极主动地节能降耗，而不是单方面的强制执行，本标准才能切实有效地发挥应有的作用。从管理措施的角度来说，要做到以下几个方面：

1. 各企业要提高节能降耗的积极性，转变管理理念

首先，各焦炭生产企业要明确本企业节能降耗的重点在哪些环节，可通过企业之间节能降耗对标挖潜，与同类企业之间进行对比，挖掘自身的节能潜力，从而产生节能降耗的动力。寻找和研究行业中先进企业的好经验，进行比较、分析、判断。通过与其他企业能耗指标的对比，从自己的生产流程、工艺设备、能源利用效率等各方面进行剖析，从中找出能耗差距的原因。

2. 提高企业能源管理，建立完善的节能监测制度

只有强化企业能源计量系统和能源统计体系，确保能源数据的可靠性，才能保证本标准具有切实的可操作性，发挥标准的作用。而目前很多企业这方面的基础工作不是很好，仍然很不完善，存在着一些问题，如：一些企业能源计量配备不完善、不准确，无考核和核查机制；另一方面，企业对很多能源的计量特别是回收的二次能源量的计量误差很大；对应该实测的，如煤和焦炭的能源折标准煤系数很多企业没有规范地去测，致使企业的能源指标难以真实反映企业能源利用的水平。一些新上的中小钢铁企业没有能源统计报告制度，没有能源管理专业知识的人员，不做企业能源平衡，没有能源平衡表，有的甚至连能源指标的涵义都不清楚。

准确的能源计量、监测是企业高效能源管理的基础，也是制定节能目标考核节能成果的必要工具。要严格钢铁企业计量制度，才能真实反映钢铁工业能耗水平，存在问题和差距等，为今后节能目标确定、节能规划的制定提供保证。因此，必须强化建立节能监测制度，才能切实保障标准的可操作性。

3. 国家层面加强标准的实施力度，切实发挥标准的强制性作用

作为强制性国家标准，一方面要靠企业的积极主动参与，为标准的实施提供基础保障；另一方面，也需要国家相关执行部门的监督实施。只有两方面同时保障，标准才能顺利实施，并对促进企业节能降耗发挥出应有的作用。

二、技术措施

本标准的根本作用就是促进焦炭生产企业节能降耗，从能耗指标上进行约束，但这又绝不仅仅只是能耗指标的问题，需要企业通过各种节能方式去努力提高企业的能耗水平，改善能耗指标。除管理措施外，提高装备水平、加强节能设备的配备，提高节能技术水平是最直接的途径。本标准作为《节约能源法》的配套标准，同时配合《钢铁产业发展政策》，在现有炼焦设备的能耗上限和新建炼焦设备能耗方面的准入门槛方面考虑到淘汰落后工艺装备、提高节能技术普及率和二次能源回收利用等对能耗指标的影响，因此，贯彻实施本标准，在技术措施方面要从两方面入手：

1. 淘汰落后炼焦工艺装备

大容积焦炉具有机械化自动化程度高、焦炭质量好、动力消耗低、生产率高、生产环境清洁以及经济效益好等优点。在产量相同的条件下，可减少炉孔数，相应减少焦炉的占地面积；减少每天出炉次数，从而减少污染物的排放。

根据调研数据整理 2005 年不同规模的焦炉（均已配备 CDQ）。对应的单位产品能耗（见表 2-8）。

表 2-8 不同规格焦炉焦化工序能耗

规模（按炭化室高度分）/m	单位产品能耗/(kgce/t)
4.3	150
4.3～6	144
大于 6	130
注：除 4.3 m 焦炉没有配备 CDQ 以外，其他均是在同等的环保、CDQ、CMC 等条件下比较的。	

由表 2-8 可见，在工序能耗上，7.63 m 焦炉相对 6 m 焦炉具有一定的优势。同时，可提高劳动生产率和焦炭质量（M40 提高 1 个百分点，M10 降低 0.5 个百分点），降低生产

成本。

2. 积极采用炼焦生产节能技术，并提高节能技术的应用效果

(1) 干熄焦技术

目前焦炭生产过程中的主要节能技术为干熄焦技术，对于降低焦炭单位产品能耗具有非常大的作用，标准中也将干熄焦回收蒸汽量作为一项重要的二次能源指标来提出。因此，要求企业积极采用干熄焦技术，已配备此技术的企业要进一步提高应用效果。

干熄焦本身能耗约为 29 kW·h/t，而湿熄焦约为 2 kW·h/t。但出炉的红焦显热约占焦炉能耗的 35%～40%，这部分能量相当于炼焦煤能量的 5%，将其回收和利用，可起到节能降耗的作用，同时大大降低冶金产品成本。采用干熄焦可回收 80% 的红焦显热，平均每熄 1 t 焦炭可回收 3.9 MPa、450 ℃的蒸汽 0.45 t～0.6 t。蒸汽可直接送入蒸汽管网，也可发电。采用全凝机组发电，平均每熄 1 t 红焦净发电 95 kW·h～110 kW·h。扣除干熄焦自身的能源消耗，包括低压蒸汽、氮气、电力、纯水等，采用干熄焦平均可降低炼焦工序能耗 40 kgce/t 左右。国外某公司曾对钢铁企业炼铁系统所有节能措施进行分析，结果干熄焦节能占总节能量的 50%。

同时，干熄焦还具有以下作用：

1) 减少环境污染

对规模为 100 万 t/a 焦化厂而言，采用干熄焦技术，每年可以减少 8 万 t～10 万 t 动力煤燃烧对大气的污染。相对于传统的湿熄焦(吨红焦耗水 0.45 t)来说，干法熄焦平均每吨焦炭可节水 0.443 t。

2) 改善焦炭质量

国际上公认，大型高炉采用干熄焦焦炭可使其焦比降低 2%，使高炉生产能力提高 1%。在保持原焦炭质量不变的条件下，采用干熄焦可以降低强粘结性的焦、肥煤配入量 10%～20%，可在配煤中多用 15% 弱粘结性煤。有利于充分利用资源和降低焦炭成本。

3) 经济效益显著

目前，干熄焦装置工程费投资在 130 元/t～140 元/t 左右，不含发电在 110 元/t～120 元/t 左右，而传统湿熄焦装置工程费投资为 10 元/t～15 元/t 左右。但采用干熄焦回收热量生产蒸汽的自身经济效益相当于 43.2 元/t。干熄焦炭质量提高，可使高炉炼铁的入炉焦比下降 2% 左右；同时高炉的生产能力可提高 1%，对炼铁系统延伸效益为 22.56 元/t。干熄焦的经济效益完全可以抵消其投资高的不足，其内部收益率(税后)可达 12.5%～20%，大大高于基准收益率 7%，全部投资在 5 年～8 年后即可收回。

(2) 煤调湿技术

煤调湿(CMC)是装炉煤水分控制工艺的简称，是将炼焦煤料在装炉前去除一部分水分，保持装炉煤水分稳定在 6% 左右，然后装炉炼焦的工艺技术。

1) 采用 CMC 技术后，煤料含水量当从 11% 下降至 6% 时，炼焦耗热量相当于节省了 310 MJ/t(干煤)左右，折合 14 kgce/t 左右；

2) 由于装炉煤水分的降低，使装炉煤堆密度提高，干馏时间缩短，因此，焦炉生产能力可以提高 8%～11%；

3) 改善焦炭质量，焦炭反应后强度 CSR 提高 1～3 个百分点；在保证焦炭质量不变的情况下，可多配弱粘结煤 8%～10%，降低成本；

4）煤料水分的降低可减少1/3的剩余氨水量，相应减少剩余氨水蒸氨用蒸汽1/3，同时也减轻了废水处理装置的生产负荷；

5）节能的社会效益是减少温室效应，平均每吨入炉煤可减少约35.8 kg的CO_2排放量。

因煤料水分稳定在6%左右，使得煤料的堆密度和干馏速度稳定，有益于改善焦炉的操作状态，有利于焦炉的降耗高产并延长焦炉寿命。

因此，标准中明确规定鼓励现有企业淘汰小焦炉，积极采取干熄焦等节能技术，新建设备必须满足产业政策规定的大型化的要求，并配备节能工艺设备，以达到标准规定的能耗限额指标。另外，标准制定过程中虽然广泛征求了企业及专家的意见，但仍可能有一些不完善的方面，在标准实施过程中将进一步完善改进。

第五节　焦炭单位产品能源消耗限额计算示例

根据标准中所规定的计算方法和统计范围，给出某钢铁企业焦化生产工序能耗计算实例，该企业的焦化生产工序能源消耗及回收，详见表2-9。

表2-9　不同规格焦炉焦化工序能耗

项目名称		折标准煤系数	实物量/(万t或万m^3或万kW·h)	折标准煤/万tce
能源转换	投入e_{yl}			
	干洗精煤(标明配煤灰分和挥发分)	1.014 3 kgce/t	714.240 8	725.240 1
	软沥青	1.259 kgce/t	4.727 4	5.951 8
	产出e_{cp}			
	焦炭(干全焦)	0.971 4 kgce/t	535.445 7	524.790 3
	焦炉煤气	0.643 kgce/m^3	232 744.7	149.654 8
	焦油	1.285 7 kgce/t	29.219 2	37.567 1
	粗苯	1.428 6 kgce/t	8.469 3	12.099 2
	产出合计	—	—	724.111 5
	投入扣产出$e_{yl}-e_{cp}$	—	—	7.080 4
动力消耗e_{jg}	新水	0.235 kgce/t	907.211 1	0.213 2
	循环水	—	—	—
	制冷水	—	—	—
	除盐水	—	—	—
	电	0.122 9	54 609.250 06	17.475 0
	蒸汽	0.1286 kgce/t	135.659 2	14.559 8
	焦炉煤气	0.643 kgce/m^3	32 808.7	21.096 0

续表 2-9

项目名称		折标准煤系数	实物量/(万 t 或万 m^3 或万 kW·h)	折标准煤/万 tce
动力消耗 e_{jg}	高炉煤气	—	383 511.3	43.720 3
	压缩空气	—	—	—
	氮气	0.044 kgce/m^3	2 704.424 998	0.119 0
	动力消耗合计	—	—	97.183 2
余热回收 e_{yr}	干熄焦回收蒸汽	0.128 6 kgce/t	309.801 707	36.835 4
动力消耗扣回收 $e_{jg}-e_{yr}$		—	—	60.347 8
其他		—	—	—
焦化工序能耗/(kgce/t)		—	—	128.49
注：能耗折标准煤系数主要是该企业的实测值，其余为 GB 21342—2008 附录 A 的参考值。				

由焦炭单位产品能耗计算公式 $E_{JT}=\dfrac{e_{yl}+e_{jg}-e_{cp}-e_{yr}}{P_{JT}}=\dfrac{e_{yl}-e_{cp}+e_{jg}-e_{yr}}{P_{JT}}$

$$=\frac{(7.080\ 4+60.347\ 8)\text{万 tce}}{524.790\ 3\text{ 万 t}}$$

$$=128.49\ \text{kgce/t}$$

计算结果表明，该企业的焦化工序能耗接近焦化工序单位产品能耗限额先进值 125 kgce/t。

主要参考文献

[1] 董有德，张璐. 浅析中美钢铁贸易摩擦及其对中国钢铁产业的启示[J]. 经济师. 2007,5:38～39.

[2] 张志宏，彭万刚. 我国焦化工业的现状简述[J]. 山西冶金，2003,1:11～13.

[3] 郑文华. 中国炼焦工业现状及其发展趋势[J]. 中国煤炭，2004,10:11～18.

[4] 中国工程院."中国可持续发展矿产资源战略研究"——黑色金属卷[M]. 北京:科学出版社，2006.

[5] 黄金干. 炼焦行业 2005 年回顾与 2006 年展望[J]. 冶金管理，2006,3:18～23.

[6] 王文堂. 煤气初冷系统余热利用技术[J]. 化工科技市场，2001,8:23～26.

[7] 王晨，邢建通. 干熄焦节能效果及对焦炭质量的影响[J]. 河南冶金，2002,1:3～5.

[8] 欧阳福承，王振凡. 焦炉荒煤气显热回收利用的研究[J]. 吉林化工学院学报，1993,3:1～8.

[9] 郑美俊. 我国焦炉技术装备水平的现状及对策[J]. 科技情报开发与经济，2005,8:152～153.

[10] 铃木　隆城. 焦炉处理废塑料技术的开发[J]. 燃料与化工，2002,9:274～276.

[11] 中国钢铁工业协会.中国钢铁工业生产统计指标体系指标解释[M].北京：冶金工业出版社,2004
[12] 陈启文主编.煤化工工艺[M].北京:化学工业出版社,2009
[14] 郑文华,于振东.当前我国炼焦生产的新技术.2005中国钢铁年会论文集[C].中国金属学会.北京:冶金工业出版社,2005,9:135～140.

第三章 铁合金单位产品能源消耗限额标准

第一节 绪论

一、标准编制背景与目的

我国是世界上人口众多、幅员辽阔的发展中国家，工业化和技术现代化水平较低。最近20年来的经济发展速度很快，资源及能源的消耗量大幅增加，单位GDP产值的能源消耗水平远超过先进工业化国家。可以说是技术水平的落后导致了我国的资源和能源消耗方面存在着严重的浪费。

对于我国这样一个资源和能源紧缺的国家，减少资源浪费、节约能源消耗意义非常重大。只有强化资源(能源)节省、杜绝浪费，才能保证国家持续稳定的和谐发展。

“十一五”规划纲要提出，2010年单位GDP能耗要比2005年降低20%左右，并作为重要的约束性指标。国务院节能减排工作方案明确要求，强化重点耗能企业节能管理，提高能源利用效率，启动重点耗能企业与国内外同行业能耗先进水平对标活动，推动重点能耗企业主要产品单位能耗、工序能耗大幅度降低、行业能耗整体水平大幅度提高。

2005年7月发布的《钢铁工业产业发展政策》按照调整结构、有效竞争、降低消耗、保护环境和安全生产的原则，规定了铁合金生产企业在工艺与装备、能源消耗、资源消耗及环境保护等方面的准入条件。本标准配合产业政策，更详细地规定了现有铁合金企业单位产品的能耗上限、新建铁合金生产设备的单位产品能耗准入条件以及铁合金单位产品能耗的先进值，有利于促进淘汰落后装备、提高节能技术普及率和二次能源回收利用，推动铁合金生产企业的节能降耗，对铁合金企业结构升级、规范产业发展起到积极的促进作用。

二、标准编制过程

自2006年8月开展本项目以来，在大量文献调查的基础上，围绕原有铁合金行业能源消耗指标体系，做了大量的调研分析和现场考察，针对国内铁合金企业如广西康密劳、内蒙古阿拉善盟瑞钢联、桂林康密劳、中钢吉林铁合金、四川金广集团、广西八一铁合金、云南鹏呈冶炼厂、腾达西北铁合金等企业的实际情况，就不同铁合金产品的单位产品能耗指标的计算、界定范围和现有能耗水平等与企业做了深入讨论和研究。同时对国外铁合金生产厂家进行了调研分析，表明，虽然国外铁合金企业使用的原材料条件远优于国内，技术装备的自动控制水平也较高。但由于国内铁合金生产推行定额管理的奖励机制，则在相同条件下(原料水平与国际水平相同)，国内大型铁合金企业的铁合金产品的冶炼电耗，并不比国外水平差。如国内不少12.5 MVA硅铁电炉FeSi75的冶炼电耗在

8 500 kW·h/t 左右。国外大型电炉的硅铁冶炼电耗(如瑞典 Vakan 公司的 48 MVA)通常为 8 800 kW·h/t。

基于对国内外主要铁合金企业的能耗统计数据进行分类整理和分析,研究了企业间能源消耗的差距和企业节能技术的进展,为提出限额值和准入值奠定了基础。

2007 年 4 月底,提出了限额标准的设想和方案,与行业的部分能源专家座谈,确定了限额标准的 5 个大宗产品的能耗指标取值,形成标准初稿。

2007 年 5 月初,向全国 50 家铁合金企业发出了征求意见的函,广泛征求企业对限额标准初稿的意见,根据企业反馈意见形成铁合金单位产品能耗限额征求意见稿。同时编制铁合金单位产品能耗限额标准编制说明和标准的研究报告。

2007 年 6 月 20 日,召开了铁合金企业代表和有关专家参加的《铁合金单位产品能耗限额》国家能效标准征求意见稿研讨会。

2007 年 7 月,根据征求意见研讨会与会代表提出的修改意见和建议,形成铁合金单位产品能耗限额送审稿,报送国家标准化管理委员会。

2007 年 9 月 18 日,召开了国家标准化管理委员会的领导、全国能标委的委员和铁合金行业专家参加的《铁合金单位产品能耗限额》国家能效标准审定会,对标准的送审稿给予了充分的肯定,并提出了具体修改意见。根据审定会专家意见和建议,修改送审稿,形成报批稿,报送国家标准化管理委员会。

2008 年 1 月 9 日,标准发布。

第二节　限额指标的确定

一、铁合金行业概况

铁合金是铁与一种或几种单质元素形成的合金产品。在钢铁工业中一般还把所有炼钢用的中间合金,不论含铁与否(如硅钙合金),都称为"铁合金"。习惯上还把某些纯金属添加剂及氧化物添加剂也包括在内。铁合金产品主要应用于钢铁工业,此外,少量硅铁还可用作金属热还原法生产其他铁合金、有色金属的还原剂或有色金属合金的合金添加剂;还可少量用于化学工业和其他工业。铁合金产品用于钢铁工业的功能主要有钢液脱氧剂、合金添加剂、孕育剂等。脱氧剂:在炼钢过程中脱除钢水中的氧。某些铁合金还可脱除钢中的其他杂质如硫、氮等。合金添加剂:按钢种成分要求,添加合金元素到钢内以改善钢的性能。孕育剂:在铸铁浇铸前加进铁水中,改善铸件的结晶组织。

铁合金产业是用其产品服务于钢铁工业,铁合金产业是钢铁工业的一个组成部分,铁合金产品是生产钢材产品所必须的原料。铁合金产业需要与钢铁工业得到同步发展,以满足钢铁生产正常需求。国家要使钢铁工业得到适度快速的发展,要保证需要的铁合金能够正常生产,但不宜戴上高能耗的帽子。因为生产作为钢铁工业中钢液脱氧剂、合金剂的铁合金是需要较多的能源,不消耗这么多的能源生产铁合金就得不到合格的钢水。

按照近年来中国粗钢和铁合金表观消费量的计算结果,在我国平均每生产一吨粗钢产品大约消耗各类铁合金(硅铁 7 kg、锰系铁合金 14.5 kg,铬铁合金 4.5 kg)总量约 33 kg/t。如果中国不生产铁合金,全部依靠进口铁合金来维持中国粗钢生产量是行不通的。即使大量进口铁合金也是难于实现的，因为全世界没有足够多的铁合金来满足中国钢铁生产的胃口。总之中国需要生产铁合金，中国不能没有铁合金，即使生产铁合金需要较多的能源。中国人为了国民经济和钢铁工业的正常发展，应允许高载能铁合金行业适度发展和大量减少铁合金出口。

中国应该考虑为中国钢铁工业发展所需要的最低数量铁合金，为了保护可贵能源的消耗，减少铁合金生产对环境的污染。国家大幅度提高铁合金出口关税，以严格限制铁合金出口。2009 年铁合金出口数量(主要因出口关税的大幅提高)较 2008 年减少约 75%～80%。由此造成铁合金回流国内，导致铁合金售价大幅下跌，迫使铁合金产量减少，以达到减少能源消耗的目的。

我国铁合金产业有十多个系列，近 300 个牌号的合金产品。其中大宗铁合金产品，如硅铁、锰硅合金、电炉(高碳)锰铁、高碳铬铁以及镍铁、硅钙合金、硅铝铁等铁合金品种，多用矿热电炉生产。矿热电炉(又称之为埋弧还原电炉)生产的合金产品在我国约占铁合金总产量的 80%左右。在我国使用高炉生产的高碳锰铁(与电炉生产高碳锰铁质量相当)约占铁合金产量的 4%～5%。而含碳量较低的中低碳锰铁、铬铁和微碳锰铁以及生产钒铁(钒含量 40%～50%)电炉金属锰等产品通常是采用电弧(精炼)炉将含硅的中间合金精炼加工生产的，其合金产量约占我国铁合金产量的 2%。而一些难于还原的、含碳量较低的贵重合金产品，如钼铁、高钒铁、钛铁、硼铁和金属铬等合金产品，可以通过金属铝热还原法(又称之为炉外法)生产的，其合金产品的产量约铁合金产品总量的 1%～2%。使用中频炉熔兑技术可以将硅钡铝、铝锰、硅钙钡铝、微碳锰铁、锰硅铝等多种铁合金产品复合，其产量约占铁合金产量的 1%～2%。此外，工业硅、电解锰等产品的产量约占到铁合金行业产品产量的 11%～13%。

铁合金行业包含铁合金、电解锰和工业硅三个产业。上世纪铁合金行业的归属较为明确的是钢铁工业系统中的一个产业领域。通常是指硅铁、锰铁、锰硅合金、铬铁合金等，用于钢水的脱氧与合金化。

电解锰产业是冶金系统锰矿山进行产业开发的新兴产品领域，其产业规模较小，归属于钢铁冶金领域。电解锰是在铁合金行业统计范畴，但因其产能很小，也常不为人所知。最近几年，特别是 2003 年开始中国不锈钢生产进入快速发展时期，含锰不锈钢的发展大幅拉动了电解锰产业的快速发展。电解锰产业发展迅速，目前已形成近 200 万 t 的产能。2008 年，产量达到了 138.5 万 t。因产量超过市场需求，电解锰近年价格已跌近低碳锰铁售价。2006 年国家发改委再次明确电解锰的行业准入审查划归铁合金行业准入审查范畴。

工业硅产业产品的基本要求是得到含 Si 量达到 99%左右的工业硅，即生产原料不能或仅能有少量 Fe 和 Al 等杂质带入。工业硅产业自原冶金部机构改革开始，一直划归有色金属领域进行管理，直至目前似乎还承袭着这种产业归属。但自 2006 年开始，鉴于工业硅生产的技术装备及生产工艺与矿热炉冶炼铁合金装备工艺极为近似，国家发改委 2006 年明确，工业硅的行业准入审查划归铁合金行业准入审查范围。自此，工业产量统计工作正式转入铁合金行业统计工作范畴。近年来随着国内外汽车工业、太阳能用硅、硅镁新型材料的快速发展，中国工业硅产业得到快速发展。产能和产量迅速增长。目前，工业硅的生产能力已超过 150 万 t，并且还在盲目扩张。工业硅的产量已超过国内需求，呈现过剩态势。2008 年工业硅产量 114 万 t,出口量达 69.27 万 t,2009 年工业硅产量有所减少,出口量减少近 70%。

二、铁合金行业总的产能、产量和能耗的情况

铁合金行业主体产业属于钢铁工业,是钢铁系统的一个组成部分。改革开放以来,特别最近六七年来,伴随着中国钢铁工业的快速发展,铁合金行业的产能、产品产量等都得到了大幅增长,能源消耗的数量也在不断增加。钢铁工业生产能力 2008 年达到 6.6 亿 t,2007 年超过了 7 亿 t,粗钢过剩产能的释放对铁合金需求剧增,使得严重过剩的铁合金产能也在盲目释放中。

受国家钢铁工业快速发展的拉动,加之铁合金生产装备与生产工艺的技术门槛较低,2006 年我国铁合金(包括工业硅和电解锰)行业生产能力达到 3 400 万 t,铁合金产品(含电解锰、工业硅)产量达到 1 438.5 万 t,2007 年铁合金产品(含电解锰、工业硅)产量接近 1 750 万 t,出口量超过 410 万 t(仅硅铁出口超过 150 万 t)。2008 年铁合金产量 1 900.47 万 t,出口量 402.43 万 t(见图 3-1、表 3-1 和表 3-2)。

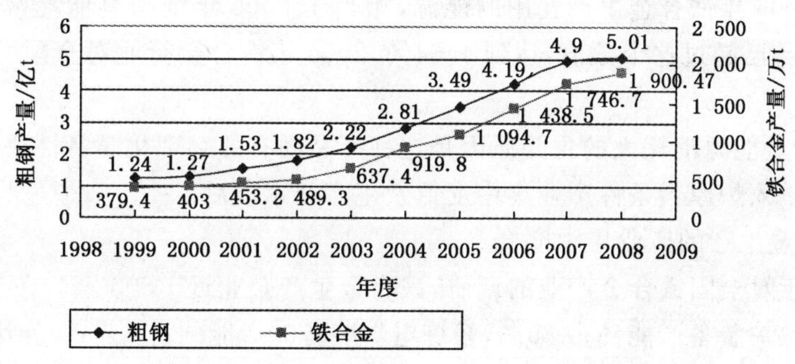

图 3-1 1999 年～2008 年我国钢产量及铁合金产量变化

表 3-1 我国几个大宗铁合金产量和总产量 万 t

年度	1999	2000	2001	2002	2003	2004	2005	2006	2007	2008
硅铁	131.4	139.0	121.8	133.0	181.84	293.55	331.76	404.62	470.46	494.56
高碳锰铁	93.69	94.0	97.73	100.27	92.33	131.4	127.09	146.26	162.75	157.81
锰硅合金	83.90	98.0	120.54	158.43	197.27	252.34	298.97	360.93	433.99	509.47
高碳铬铁	19.27	30.0	26.16	23.13	42.33	49.37	68.04	85.80	106.02	128.00
全国铁合金	386.74	412.30	464.28	510.48	669.88	919.8	1 072.20	1 438.50	1 758.0	1 900.47

表 3-2 我国铁合金出口量 万 t

年度	1999	2000	2001	2002	2003	2004	2005	2006	2007	2008
高碳(C>4%)铬铁	4.96	12.0	6.47	3.69	8.18	6.23	4.77	3.29	30.30	36.65
高碳锰铁	11.2	16.23	13.37	15.35	17.27	23.5	12.79	18.11	14.69	18.09
锰硅合金	29.85	26.27	35.34	45.09	49.84	69.40	37.66	51.81	84.43	74.46
硅铁	33.1	46.9	47.0	53.0	80.9	93.15	71.78	132.11	154.50	127.76
铁合金出口总量	103.76	140.9	132.92	145.68	198.35	245.88	201.12	268.5	320.96	409.43

2009 年，铁合金行业总的生产能力已接近 3 500 万 t，其中硅铁、锰铁、铬铁及锰硅合金等大宗铁合金产品产能越过 3 000 万 t，电解锰的产能 200 万 t，工业硅产能也超过 150 万 t。虽然通过行业准入管理，最近几年有数百万吨的落后产能、简陋装备被淘汰，但是最近四五年间也有容量较大的矿热炉和产能更高的电解锰生产线（水平有所提高）被低水平重复建设起来。以至于不断淘汰落后产能的同时，又一批较大规模的落后产能在行业结构调整的口号下得到扩张。铁合金产能不但没有减少，反而在增加。铁合金行业生产能力由 2006 年的 2 300 万 t 扩张到目前的 3 500 万 t 以上。据了解，目前仍有一些利令智昏的企业还在盲目建设和扩张铁合金项目，铁合金产能还在增长中。

铁合金行业是高载能产业。由于其生产及应用功能决定了铁合金行业必定要消耗较多的能源。国民经济，特别是钢铁工业的健康发展离不开铁合金行业，不能也不应该仅因为铁合金行业的存在要消耗较多的能源，而受到歧视和排斥。如果没有铁合金行业为钢铁工业提供重要的铁合金原料，钢铁工业发展将会受到严重伤害而无法健康存活。钢铁工业要发展就必须给予铁合金行业一定的发展空间。铁合金也应千方百计地减少生产过程中的能源消耗，以支持国家长治久安地快速发展国民经济，使我国钢铁工业健康地发展。

经测算 2006 年铁合金生产耗用的能源，相当于 2006 年全国总能耗（24.6 亿 tce）的 1.56%，2007 年已超过这个数值，达到 1.64%，2006 年铁合金行业对全国 GDP 的贡献值为 0.7%。

铁合金行业能源消耗大的主要原因是这种产品固有的物理化学特性决定的。其次是生产装备落后、入炉原料条件产业集中度低及生产技术落后。

(1) 铁合金生产的产业集中度低

据 2006 年对全国铁合金产业的调研，铁合金生产企业近 1 600 家。在超过 3 200 万 t 的产能中，矿热炉装备产能约占 85%，精炼电炉装备的产能约占 2%，炉外法（金属热还原法）装备的产能、高炉设备的产能约占 3%～4%，中频感应炉等熔炼设备的产能约占 2%～3%，电解法约占 5%。在上述这些铁合金生产能力中，用于生产硅系铁合金的产能约占 30%，用于生产锰系铁合金的装备约占总产能的 44%，用于生产铬系铁合金的设备占总产能的 11%左右，用于生产其他铁合金的设备占总产能的近 15%。

(2) 铁合金生产装备落后

目前铁合金生产中约有 30%的设备属于国家限令淘汰的落后装备（主要是容量小、装备简陋）的产能。铁合金产品单位能耗限额标准的制定，对于推进铁合金行业的结构调整、淘汰落后产能以及避免装备技术偏低的铁合金冶炼设备的重复建设具有重大作用。

在生产铁合金的装备中，生产合金数量最多，应用最为普遍的冶炼设备当属矿热炉。其中变压容量在 12 500 kVA～16 500 kVA 的矿热炉是主体炉型，约占总容量的 45%；国家发改委或工业和信息部拟于 2010 年江湖的 6 300 kVA 矿热炉，其产能约占到矿热炉总容量的 30%。该容量的矿热炉虽容量偏小，但运行的经济技术指标较好。这类电炉多分布于中南、西南富产锰矿资源的少数民族、偏远的贫困地区，这些电炉对维护当地的安全和经济发展十分重要，因而淘汰这类矿热炉遇到不少阻力。国家强力推广采用的矿热炉其容量应不小于 25 000 kVA，因为其技术参数不理想，这种容量的矿热炉并未能得到生产企业欣然接受。如鄂尔多斯集团对本公司运行的 25 000 kVA 炉型不满意，只好选择改良型的 25 000 kVA 电炉，实际建设的是 16 500 kVA 电炉。以致于目前运行中的大于25 000 kVA矿热炉并不多，其容量仅占全国总容量的15%。此外，目前还有早应淘汰正在等待淘汰的6 300 kVA以下矿热炉，不足全国总容量的10%。

三、调研数据分析——大宗铁合金产品能耗

1. 中国铁合金工业协会会员单位通报的数据

(1) 中国铁合金工业协会会员单位通报的数据汇总

对中国铁合金工业协会会员单位2000年～2005年期间向协会通报的大宗铁合金产品，硅铁合金、锰硅合金、铬铁合金及锰铁等产品的冶炼电耗和焦炭消耗数据汇总。

1) 硅铁合金冶炼电耗和焦炭消耗数据汇总

硅铁合金是最耗能的铁合金，也是产量最大的铁合金产品之一。硅铁合金的单位产品冶炼电耗是铁合金产品中最高的。2000年～2005年期间向协会上报的生产硅铁合金的冶炼电耗及焦炭消耗详见表3-3，同时对有关数据进行了整理，结果详见表3-4。

表3-3 硅铁合金生产企业单位能耗

年度		2000	2001	2002	2003	2004	2005
遵义 50 MVA	A	8 525	8 384	8 957	—	昆钢 9 736	9 662
	B	1 101	1 066	1 064	—	1 473	628
	C	4 695	4 612	—	—	5 124	4 872
峨眉 16.5 MVA	A	10 322	10 571	11 192	10 876	—	物通 9 080
	B	1 076	1 053	1 453	1 351	—	1 200
	C	5 520	4 337	4 521	4 398	—	—
西北 12.5 MVA 25.0 MVA	A	8 680	8 938	8 501	8 472	8 227	8 464
	B	1 084	1 139	1 139	1 175	1 176	1 124
	C	4 563	4 656	4 575	4 564	4 466	2 132
重庆 12.5 MVA	A	9 255	9 075	8 964	8 632	8 519	8 521
	B	1 084	1 235	1 254	1 220	630	1 376
	C	4 563	—	—	—	—	—
新余 3.2 MVA	A	8 765	8 541	8 215	大同 9 495	9 265	关停
	B	1 001	922	800	1 100	1 080	
	C	4 457	4 267	4 098	4 521	4 951	
东丰 6.3 MVA	A	8 850	8 998	8 882	8 912	8 982	转产铬铁合金
	B	988	996	—	—	1 227	
	C	—	—	—	—	4 866	—
祈州 6.3 MVA	A	8 985	9 031	青海华电 9 240	9 022	山川 8 700	9 593
	B	1 025	1 042	1 250	1 300	1 218	1 220
	C	—	—	—	—	—	—

续表 3-3

年度		2000	2001	2002	2003	2004	2005
丹江 12.5 MVA	A	9 383	—	8 948	—	转产电石	
	B	—	—	950	—		
	C	—	—	—	—		
红枫 12.5 MVA	A	8 861	8 924	8 766	9 320	10 236	8 500
	B	1 229	1 399	1 481	1 268	1 227	1 200
	C	—	—	—	—	—	—

注：A——冶炼电耗，kW·h/t；B——焦炭消耗，kg/t；C——工序能耗，kgce/t，工序能耗计算电力折标准煤系数取等价值。

表 3-4 硅铁合金生产企业冶炼电耗和焦炭消耗整理数据

公司名称	西北铁合金	重庆	新余	遵义	东丰	忻州	红枫	平均值
冶炼电耗/(kW·h/t)	8 611	8 828	8 541	8 722	8 926	9 008	9 098	8 819
焦炭消耗/(kg/t)	1 084	1 235	1 001	1 066	1 070	992	1 268	1 102

硅铁生产冶炼电耗的平均值 8 819 kW·h/t，已与国外硅生产企业的大型电炉的电耗指标 8 800 kW·h/t 相当。达到和优于这一指标的国内企业的产能约占总产能的 50%左右。另一些企业则必须通过技术攻关和技术进步才有可能达到这一水平。

2）锰硅合金冶炼电耗和焦炭消耗数据汇总

锰硅合金冶炼电耗和焦炭消耗通报数据及整理数据见表 3-5 和表 3-6。

表 3-5 锰硅合金企业单位能耗

年度		2000	2001	2002	2003	2004	2005
吉林铁合金	A	4 394	4 386	4 636	4 723	5 180	5 049
	B	486	482	411	560	689	655
	C	2 087	2 289	2 255	2 723	2 907	2 755
锦州铁合金	A	4 369	4 349	4 521	4 432	4 514	4 320
	B	499	496	501	506	514	497
	C	2 180	2 220	2 314	2 281	2 352	2 259
湖南铁合金	A	4 840	5 332	4 741	4 795	5 295	4 989
	B	481	564	589	638	667	661
	C	2 710	2 790	2 359	2 173	2 343	2 717
峨眉铁合金	A	4 578	4 117	4 869	4 507	4 550	4 433
	B	508	448	503	496	5 472	523
	C	2 319	2 139	2 284	2 217	2 296	—

续表 3-5

年度		2000	2001	2002	2003	2004	2005
八一铁合金	A	4 029	4 033	4 068	4 010	3 992	4 078
	B	463	465	453	474	489	482
	C	2 103	2 108	2 109	2 107	2 114	2 147
桂林	A	4 433	4 639	4 329	4 049	3 895	3 905
	B	452	511	495	516	576	—
	C	2 248	2 381	1 470	2 160	—	2 175
金光	A		4 852	4 345	4 624	3 895	4 539
	B		530	560	570	578	652
	C		—	—	—	—	—
遵义	A	4 317	4 339	4 567	金鹰 4 580	4 600	4 279
	B	458	486	528	570	540	540
	C	2 232	2 256		—	—	2 322
首钢	A	4 324	—	5 748	停产	昆钢 4 943	5 404
	B	430	—	681		770	970
	C	2 176	—	2 764		2 686	3 071
	A	—	—	—	莲城 4 666	龙里 4 380	4 210
	B	—	—	—	618	707	700
	C	—	—	—	—	2 876	2 755
红枫	A	4 520	4 533	—	4 287	4 521	4 200
	B	765	—	—	742	517	550
	C	—	—	—	—	—	—
上海	A	3 932	4 117	4 118	4 335	4 600	转产铬合金
	B	424	448	477	472	471	
	C	2 043	2 139	2 169	2 456	2 332	

注：A——冶炼电耗，kW·h/t；B——焦炭消耗，kg/t；C——工序能耗，kgce/t，工序能耗计算电力折标准煤系数取等价值。

表 3-6 锰硅合金生产企业冶炼电耗和焦炭消耗整理数据

生产品种	锰硅合金									
公司名称	吉林	锦州	湖南	峨嵋	八一	桂林	遵义	红枫	上海	平均值
冶炼电耗/(kW·h/t)	4 636	4 469	4 998	4 509	4 035	4 208	4 408	4 412	4 220	4 433
焦炭消耗/(kg/t)	416	501	600	496	471	570	491	6 435	458	516

锰硅合金生产的冶炼电耗平均值 4 433 kW·h/t，达到和接近这一指标的国内企业数量约有 40%～50%。这一电耗值略高于国外较大型电炉企业的电耗，而这主要是受锰矿资源劣质化的影响，如果国内铁合金生产厂家也能使用含锰 40%优质锰矿，则将会有 60%的厂家能够达到这一电耗指标。

3）铬铁合金冶炼电耗和焦炭消耗数据汇总

高碳铬铁生产企业的平均冶炼电耗 3 288 kW·h/t，低于国外的生产企业。协会会员以外的铁合金企业冶炼电耗指标通常可以达到与国外企业相近的水平。铬铁合金冶炼电耗和焦炭消耗数据见表 3-7 和表 3-8。

表 3-7　高碳铬铁企业单位能耗

年度		2000	2001	2002	2003	2004	2005
吉林	A	3 172	3 244	3 373	3 133	3 537	3 394
	B	336	384	414	411	549	475
	C	1 629	1 700	1 713	1 585	2 069	1 901
湖南	A	3 264	3 304	3 293	3 175	3 358	3 130
	B	410	429	432	411	457	447
	C	1 755	1 798	1 782	1 585	1 828	1 736
上海	A	3 274	3 485	3 408	3 197	3 401	3 340
	B	423	437	430	415	409	417
	C	1 758	1 924	1 895	1 670	1 865	1 805
峨眉	A	2 760	3 450	3 165	3 061	3 588	3 279
	B	369	402	423	378	318	396
	C	1 608	1 825	1 668	1 573	1 786	—
西北	A	3 227	3 207	3 343	3 421	3 316	3 239
	B	436	418	457	551	498	507
	C	—	1 825	1 825	1 917	1 340	1 851
重庆	A	3 058	3 130	3 119	3 241	3 218	3 239
	B	462	447	465	469	585	459
	C	—	—	—	—	—	—
东丰	A	3 481	3 391		3 313	3 460	3 430
	B	463	436	—	—	536	426
	C	—	—	—	—	1 918	—
辽阳	A	—	—	3 159	金鹰 3 755	3 750	3 400
	B	—	—	443	金鹰 —	550	500
	C	—	—	487	金鹰 —	—	1 810

续表 3-7

年度		2000	2001	2002	2003		2004		2005
横山	A	3 146	3 128	3 141	华电	—	万邦	3 287	3 267
	B	412	502	414		—		227	465
	C	—	—	—		—		—	—
首钢	A	3 835	—	—	金广	—	3 150		—
	B	463	—	—		—	465		—
	C	—	—	—		—	1 850		—
注：A——冶炼电耗，kW·h/t；B——焦炭消耗，kg/t；C——工序能耗，kgce/t，工序能耗计算电力折标准煤系数取等价值。									

表 3-8　高碳铬铁生产企业冶炼电耗和焦炭消耗统计数据

生产品种	高碳铬铁								
公司名称	吉林	湖南	上海	峨嵋	西北	重庆	东丰	横山	平均值
冶炼电耗/(kW·h/t)	3 309	3 421	3 346	3 217	3 292	3 168	3 415	3 138	3 288
焦炭消耗/(kg/t)	428	431	422	381	477	481	465	443	441

国外高碳铬铁生产厂多是自产铬矿，一般不会再进口其他铬矿进行配矿生产，因此造成渣量多、电耗较高。而我国高碳铬铁生产企业多是靠几种进口的铬矿配矿冶炼，渣量较小，因此较容易达到国外企业的生产电耗指标。

4）锰铁合金冶炼电耗和焦炭消耗数据汇总

电炉锰铁企业的冶炼电耗平均值 3 040 kW·h/t，要高于国外大容量矿热炉电炉锰铁的指标。电炉锰铁合金冶炼电耗和焦炭消耗数据见表 3-9 和表 3-10。

表 3-9　电炉锰铁企业单位能耗

年度		2000	2001	2002	2003	2004	2005
遵义	A	2 647	3 328	3 409	正在实施政策性破产		
	B	395 445	445	—			
	C	1 504	1 852	—			
峨眉	A	3 725	4 270	3 405	—	2 864	2 822
	B	319	315		343	397	357
	C	1 841	2 022	1 689	1 715	1 537	
八一	A	2 396	2 336	2 339	2 251	2 308	2 589
	B	385	391	395	403	413	417
	C	1 363	1 343	1 332	1 315	1 350	1 469
金光	A	—	—	—	—	—	2 976
	B	—	—	—	—	—	719
	C	—	—	—	—	—	—

续表 3-9

年度		2000	2001	2002	2003	2004	2005
建水	A	3 177	3 198	2 330	3 176	3 250	3 488
	B	571	562	395	569	572	614
	C	1 891	1 912	1 332	1 895	1 932	2 070
义望	A	—	1 516	3 147	1 740	1 938	1 510
	B	—	1 100	578	1 100	219	338
	C	—	—	1 912	—	2 230	586
昆钢	A	—	—	3 117	—	3 157	3 240
	B	—	—	474	—	441	540
	C	—	—	—	—	1 703	1 826
龙里	A	—	—	—	—	2 720	2 622
	B	—	—	—	—	631	600
	C	—	—	—	—	1 972	1 911
红枫	A	—	—	—	3 532	3 088	3 000
	B	—	—	—	—	680	440
	C	—	—	—	—	2 810	—
桂林	A	4 743	—		—	2 547	该产品已停产
	B	545	—		—	446	
	C	2 461	—		—	—	
吉林	A		2 673	3 209	—	—	2 781
	B		419	589	—	—	490
	C		1 525	1 869	—	—	1 572

注：A——冶炼电耗，kW·h/t；B——焦炭消耗，kg/t；C——工序能耗，kgce/t，工序能耗计算电力折标准煤系数取等价值。

表 3-10 电炉锰铁生产企业冶炼电耗和焦炭消耗整理数据

生产品种	电炉锰铁							
公司名称	遵义	峨嵋	八一	建水	昆钢	红枫	吉林	平均值
冶炼电耗/(kW·h/t)	3 128	3 412	2 371	3 103	3 171	3 207	2 888	3 040
焦炭消耗/(kg/t)	428	346	400	548	485	560	490	496

我国电炉锰铁冶炼电耗较高的原因是国内企业通常是使用进口锰矿，采用无熔剂法生产电炉锰铁，同时得到富锰渣以便为生产锰硅合金提供原料，与国外的单渣冶炼电炉锰铁的考核指标不同。否则，电耗指标是接近的。此外，国内铁合金企业使用的锰矿品位通常低于国外企业。目前国内生产电炉锰铁的企业基本上都是较大型的铁合金厂家。

高炉锰铁通报数据(见表 3-11 和表 3-12)的焦炭消耗量平均值为 1 599 kg/t,明显高于国外大型高炉(1 000 m^3 以上)焦炭消耗量(1.1 t/t)。

表 3-11　高炉锰铁企业单位产品焦炭消耗

年度		2000	2001	2002	2003	2004	2005	备　注
桂林	B	1 874	2 095	2 336	1 538	1 511	1 443	2003 年起桂林康密劳接管
	C	1 575	2 149	2 260	1 260	—	1 550	
广西康密劳	B	1 519	1 446	1 408	1 410	1 448	1 422	
	C	1 613	1 562	1 517	1 510	1 359	1 525	
廊坊	B	—	1 815	1 699	—	1 429	1 353	
	C	1 814	1 840	1 726	—	1 436	1 334	
湘潭	B	1 881	—	1 930	—	2 070	1 466	2004 年佳力承租
	C	—	—	2 053	—	—	1 508	
新余	B	1 773	1 667	1 629	转炼生铁	—		
	C	1 390	1 357	1 383	—	—		
阳泉	B	1 942	1 949	1 993				已破产
	C	—	—	—				
绍兴	B	1 390	1 372					关闭
	C	—	1 440					
信阳	B	1 827	1 788					半停产
	C	1 987	1 926					
武进	B	2 243	1 727	2 280	转炼生铁			
	C	2 278	—	2 378				
汉中	B	2 646	2 792	转炼生铁				
	C	3 180	3 094					
注：B——焦炭消耗,kg/t;C——工序能耗,kgce/t,工序能耗计算电力折标准煤系数取等价值。								

表 3-12　高炉锰铁生产企业焦炭消耗整理数据

生产品种	高炉锰铁			
公司名称	桂林	广西康密劳	廊坊	平均值
焦炭消耗/(kg/t)	1 799.5	1 422	1 574	1 599

据了解,目前国内坚持用高炉生产高碳锰铁的多数企业,虽高炉容积小于 300 m^3,但通过采用脱湿鼓风、提高热风温度、使用回收的煤气拖动热风炉风机等一系列技术,其焦炭消耗量基本可以降至 1.35 t/t。造成与国外焦耗差异的另一重要原因则是我国企业入炉原燃料条件差:锰矿品位低、国内高炉使用的焦炭质量明显低于国外。

(2) 国内铁合金企业能耗数据的评价说明

1）所汇总的铁合金工业协会会员的通报数据的时间跨度为2000年～2005年，提供这些数据资料的企业基本都是2003年铁合金第二轮大发展高潮之前就已存在的生产企业。能够坚持通报信息和具有数据资料统计的企业多是技术素质较好的企业。

2）进行数据整理时发现：提供有关信息资料的企业，多是已有20～30年厂史的老企业，并且多是在铁合金行业中具有较大规模的国有企业。它们提供的能源消耗数据较当时的行业整体水平略高，但这些企业中近年来通过技术进步，其能源消耗已有较大幅度的降低，指标也进一步优化。

3）在2006年对全国铁合金生产厂家进行统计调查时，具有纳税、营业资格的铁合金厂家约有2 200余家。当时中国铁合金工业协会的会员单位仅有70余家，而参与会员间数据交流的则更少，仅有27家。致使上述通报信息整理的资料，不足以全面反映铁合金全行业的能耗水平，这也反应出目前铁合金行业能源统计的基础薄弱，有待于进一步完善和加强。

4）此外，用矿热炉生产铁合金的企业，通报能源消耗数据时缺少动力消耗数据，使用现有数据，制定单位产品能源消耗限额指标的基础资料显得不足，仅供制定标准时参考。

2. 国内外铁合金生产能耗情况

通过各种渠道，对国内外铁合金生产的能耗情况进行了调研，同时与铁合金行业协会和中国金属学会铁合金分会有关专家和领导进行了充分沟通，获得了近年来国内外矿热炉和高炉生产的铁合金能耗数据，详见表3-13。

表3-13　国内外铁合金生产企业冶炼电耗　　kW·h/t

项　目		硅铁	电炉锰铁	锰硅合金	高碳铬铁	高炉锰铁
国外企业 电炉容量25 MVA～50 MVA		8 800 （瑞典、挪威）	2 500 锰矿品位 ＞40％	4 400 锰矿品位 ＞40％	3 200～4 000 铬矿品位 ＞40％	焦比1.1 t/t 锰矿品位 ＞40％（法国）
国内企业 电炉容量 12.5 MVA	大中型企业	8 200～8 500	2 500～2 900 锰矿品位 38％	3 900～4 600 锰矿品位 34％	≤3 100 铬矿品位 40％	焦比1.3 t/t 锰矿品位 37％
	小型企业	8 800～9 600	2 800～3 400 锰矿品位 ≤38％	4 300～4 800 锰矿品位 ≤34％	3 500 铬矿品位 ＜40％	注：高炉容积 法国1 000 m^3， 国内＜300 m^3

四、指标确定的依据

1. 铁合金品种与产品规格的选择

目前我国生产的铁合金产品品种近60个、品级牌号近300个，但考虑到我国目前铁合金生产企业的生产、管理和能源统计方面的客观条件，本次编制的铁合金单位产品能耗限额只能选择产量较多的、具有代表性的能耗较大的合金品种与规格。铁合金生产方法有电炉（埋弧还原电炉和精炼电弧炉）法，高炉法、转炉法，金属热还原法和熔兑法等。标准确定了还原电炉（矿热炉）生产的硅铁、电炉（高碳）锰铁、锰硅合金、高碳铬铁和高炉锰铁（高碳锰铁）等大宗合金品种的能耗限额指标。铁合金产品能耗与铁合金产品的规格直接相关。2006年上述5个大宗品种的铁合金的产量近1 100万t,约占全国铁合金产量的69%,其中单一产品产量最少的也在70万t。因此,标准选定产品规格为该品种合金最有代表性的牌号。

2. 标准中铁合金单位产品能耗计算的范围和计算方法与原钢铁企业沿用的铁合金行业能耗指标体系基本一致,但是本标准中更明确、统一,以避免边界不同造成的能耗数据差异。

3. 基于对协会统计的国内同行业相同生产条件下的能源消耗数据,并注意到国内外先进水平的状况,所确定的铁合金单位产品能耗限额限定值作为淘汰落后装备和工艺的依据,限额准入值为规范新建设备的能耗水平而设,限额先进值为各工序设定今后努力的方向。

4. 标准强调鼓励铁合金生产企业利用二次能源,在制定的限额限定值、限额准入值和限额先进值时都充分考虑到装备大型化、生产技术和工艺的发展趋势及实施节能技改的潜力。为此,还提出了主要二次能源回收利用的目标值。

五、各项能耗指标的取值依据

1. 确定铁合金产品能耗限额取值涉及的数据

确定铁合金产品能源消耗限额取值所涉及的数据包括:矿热炉冶炼铁合金的冶炼电耗、动力电耗和还原剂消耗等项数据,高炉冶炼锰铁的焦碳块消耗(有关动力电耗通常用回收的煤气发电解决),焦炭块或半焦的焦丁成分、粒度等品质数据。

2. 铁合金产品能耗限额指标值确定原则

(1) 标准中对铁合金单位产品能耗限额限定值的取值大致是按照淘汰现有产能中20%~30%左右的落后产能考虑的。

(2) 铁合金单位产品能耗限额准入值是根据较大容量(12.5 MVA电炉)装备规模,按照较好的水平来确定的。

(3) 铁合金单位产品能耗的限额先进值是依据目前国际或国内先进水平确定的。

(4) 由于铁合金企业生产主要消耗的能源即为电力,除规定铁合金生产单位产品的能耗外,同时规定了相应的冶炼电耗的指标。

3. 铁合金产品能耗限额指标值的确定

基于行业的特殊性,标准各项指标数值的选取,不仅考虑了统计分布的数据与上述调研的数据,而且充分参考了中国铁合金工业协会和中国金属学会铁合金分会的有关领导和专家对铁合金生产的技术了解和能耗情况掌握。

根据铁合金单位产品能耗限额国家标准征求意见稿的反馈结果(发出函50件,回收复函18件),回函企业基本已达到限额指标的比例为85%~90%左右,即回函企业落后产能淘汰比例为10%。由于回函企业基本属于指标较先进的,考虑到行业内小企业大量存在的情况,专家估计,目前的指标淘汰落后产能比例可达25%~30%。参考了表3-13铁合金企业冶炼电耗的基本情况,再考虑到铁合金生产的动力电消耗,根据征求意见会议专家提供的建议,确定了标准的主要结果,取值依据见表3-14。

表 3-14 铁合金产品能耗限额计算的取值依据

铁合金品种与规格	限额指标	单位产品能耗计算值/(kgce/t)		生产电耗/(kW·h/t)			碳质还原剂/(kg/t)	备注
		电力当量值折算系数 0.122 9	电力等价值折算系数 0.404	合计	冶炼电耗	动力电耗		
硅铁 FeSi75-A	限定值	1 980.80	4 595.03	9 300	8 800	500	1 150	半焦焦丁折算系数 0.971 4×0.75
	准入值	1 907.51	4 437.41	9 000	8 500	500	1 100	
	先进值	1 846.50	4 319.61	8 800	8 300	500	1 050	
电炉锰铁 FeMn68C7.0	限定值	794.54	1 608.73	2 900	2 700	200	500	焦丁折算系数 0.971 4×0.90
	准入值	711.31	1 498.39	2 800	2 600	200	420	
	先进值	674.35	1 359.7	2 500	2 300	200	400	
锰硅合金 FeMn64Si18	限定值	1 033.89	2 379.64	4 700	4 400	300	550	焦丁折算系数 0.971 4×0.90
	准入值	990.18	2 256.13	4 500	4 200	300	500	
	先进值	948.13	2 150.85	4 300	4 000	300	480	
高碳铬铁 FeCr67C6.0	限定值	898.01	1 952.13	3 750	3 500	250	500	焦丁折算系数 0.971 4×0.90
	准入值	808.68	1 778.47	3 450	3 200	250	440	
	先进值	742.04	1 599.39	3 050	2 800	250	420	
高炉锰铁 FeMn68C7.0	限定值	1 245.82		—	—	—	1 350	焦炭折算系数 0.971 4×0.95
	准入值	1 218.14		—	—	—	1 320	
	先进值	1 181.22		—	—	—	1 180	
注：能耗限额中各指标的值，按表中计算值取整处理。								

4. 标准实施后的效果

GB 21341—2008《铁合金单位产品能源消耗限额》于 2008 年 6 月 1 日起实施。通过对铁合金产业能源消耗状况的跟踪调研表明，2008 年铁合金行业中铁合金产业(不包括含电锰和工业硅产业)生产企业达标情况见表 3-15。

表 3-15 标准实施后铁合金生产企业达标情况

项 目	硅铁	电炉锰铁	锰硅合金	高碳铬铁	高炉锰铁
达到限额限定值的比例	70%	65%	75%	65%	70%
达到限额准入值的比例	40%	35%	45%	40%	30%
达到限额先进值的比例	20%	10%	30%	20%	20%
注：数据为行业专家估算数据。					

铁合金行业能源统计现状是，国家有关政府部门及铁合金行业协会不对铁合金企业的生产设备、铁合金分品种产量、能耗数据进行详尽的统计与发布，因此无法对铁合金产业的单位产品能耗情况进行确切的分析与评价。本文中铁合金企业达标情况是行业专家

根据多年对铁合金产业的发展及产业能源消耗跟踪调研的有关状况做出的分析。

由上述表格数据的来源可知，尽管有关数据不会完全准确，但却是标准起草者和有关行业专家依据多年对铁合金行业的经验分析确定的，是基本可靠的，可作为有关方面分析、评价铁合金产业发展状况时参考引用。

5. 铁合金生产使用还原剂折算标准煤系数

(1) 高炉锰铁用焦炭折算系数取值

我国生产高碳锰铁的高炉，其容积多为 100 m^3～250 m^3，明显小于冶炼生铁的高炉(容积多在 500 m^3～5 000 m^3)。目前锰铁高炉使用的焦炭(40 mm～60 mm 块度)，是炼铁高炉使用焦炭的筛下焦，其品质、性能、价格也明显较高炉用焦低很多(见表 3-16)。因此，标准将高炉锰铁生产使用的焦炭折煤系数拟定为 0.95×0.971 4 kgce/kg(合格焦炭折标准煤系数)。

表 3-16 高炉锰铁用焦炭成分 %

代表厂家	固定碳	挥发分	灰分	水分	硫	粒度/mm
冶金焦Ⅰ级	—	≤1.9	≤12	—	0.4～0.7	25～40
廊房鑫达	85.53	1.97	10.5	6	2.38	20～40
广西康密劳	84.09	1.58	11.72	—	1.02	20～40
桂林康密劳	86.51	1.74	14.21	—	1.31	20～40

(2) 矿热炉用小颗粒焦丁折算系数取值

一般矿热炉目前使用的还原剂是粒度多为 3 mm～20 mm 小颗粒焦丁(其中时常混杂不少<3 mm 的焦炭粉末和灰土)，是生产合格焦炭过程中产生的边角料。由于其品质和性能较炼铁高炉使用的冶金焦也有一定的差异(见表 3-17)，因此建议将其折标准煤系数定为(0.85～0.90)×0.971 4 kgce/kg。本标准按 0.90×0.971 4 kgce/kg 计算。

表 3-17 生产锰、铬系铁合金的矿热炉用焦丁成分 %

代表厂家	固定碳	挥发分	灰分	粒度/mm
冶金焦Ⅰ级	—	≤1.9	≤12	25～40
内蒙古阿拉善盟瑞钢联	79.0～83.5	2.0～5.5	14.0～18.0	3～15
桂林康密劳	81.83～84.05	1.61～2.21	13.52～15.92	5～15
中钢吉林铁合金	≥83.0	≤2	≤15	5～15
四川金广集团	≥78	≤2	≤15	5～15
广西八一铁合金	80	2	18	5～20(S=2%)
云南鹏呈冶炼厂	75～78	1.5～2.5	21～23	贵州兴义产焦炭
	72.72～75.84	1.84～2.17	23.4～24.1	昆明焦化厂焦丁
腾达西北铁合金	80.86	1.06	16.96	(水分 1.12)

(3) 硅铁用半焦焦丁折算系数取值

硅铁冶炼需要使用反应活性好、比电阻大的气煤焦。硅铁厂使用的粒度为 3 mm～20 mm 的半焦焦丁，常随贮存时间和运输距离过长导致粉末量增加，入炉前需要过筛。半焦与冶金全焦的品质和性能有较大差距(见表 3-18)，因此标准将铁合金企业使用的半焦焦丁的折标准煤系数选定为 0.75×0.971 4 kgce/kg。

表 3-18 硅铁生产使用的半焦焦粒成分 %

代表厂家	固定碳	挥发分	灰分	水分	粒度/mm	备注
冶金焦Ⅰ级	—	≤1.9	≤12	—	25～40	—
腾达西北铁合金	81.36	5.49	10.25	2.9	3～20	—
青海物通	80～82	7～8	10～12	—	4～20	—
内蒙古阿拉善盟瑞钢联	73.0～85	7.5～15	5.5～8.0	—	3～18	近期资源紧张，成分波动大

标准考虑到了铁合金生产使用碳质还原剂的具体条件，实事求是地制定了与碳质还原剂相应的折算系数，有利于铁合金企业合理计算能耗效益，应积极采用。

第三节 标准有关条文释义

GB 21341—2008《铁合金单位产品能源消耗限额》中，单位产品是指单位合格产品，合格产品是指满足 GB/T 2272—1987《硅铁》、GB/T 3795—2006《锰铁》、GB/T 4008—1996《锰硅合金》、GB/T 5683—1987《铬铁》要求的铁合金产品。

能源消耗是指原料在加工生产过程中消耗的各种能源，这些能源包括煤、电力、焦炭、动力介质(如蒸汽)及天然气、柴油等。在铁合金生产过程中，消耗的能源主要是电力和焦炭。单位产品能源消耗是指生产单位合格产品的综合能源消耗，即消耗的能源量扣除回收的能源后的总的能源消耗量。

前　言

本标准的 4.1 和 4.2 是强制性的，其余是推荐性的。

本标准附录 A 为资料性附录。

【释义】

前言说明了本标准的 4.1 和 4.2 是强制性的条款，其余是推荐性条款。

《中华人民共和国节约能源法》第十三条规定：国务院标准化主管部门和国务院有关部门依法组织制定并适时修订有关节能的国家标准、行业标准，建立健全节能标准体系。国务院标准化主管部门会同国务院管理节能工作的部门和国务院有关部门制定强制性的用能产品、设备能源效率标准和生产过程中耗能高的产品的单位产品能耗限额标准。

1 范围

本标准规定了铁合金单位产品能源消耗(以下简称能耗)限额的技术要求、统计范围和计算方法、节能管理与措施。

本标准适用于还原电炉(矿热炉)生产的硅铁、高碳锰铁(电炉锰铁)、锰硅合金、高碳铬铁和高炉生产的锰铁(高碳锰铁)合金等 5 个规格的大宗产品单位产品能耗限额的计算、考核，以及新建设备的能耗控制。其他铁合金产品可参照执行。

【释义】

本章概括了 GB 21341—2008 的基本内容和适用对象。

2 规范性引用文件

下列文件中的条款通过本标准的引用而成为本标准的条款。凡是注日期的引用文件，其随后所有的修改单(不包括勘误的内容)或修订版均不适用于本标准，然而，鼓励根据本标准达成协议的各方研究是否可使用这些文件的最新版本。凡是不注日期的引用文件，其最新版本适用于本标准。

GB/T 2272 硅铁

GB/T 3795 锰铁

GB/T 4008 锰硅合金

GB/T 5683 铬铁

GB 17167 用能单位能源计量器具配备和管理通则

【释义】

在规范性引用文件中，应注意引用标准的最新版本和标准属性。

本标准所规定的 5 个规格的铁合金产品的规格及质量应符合 GB/T 2272《硅铁》、GB/T 3795《锰铁》、GB/T 4008《锰硅合金》和 GB/T 5683《铬铁》的规定。

标准发布时，GB 17167《用能单位能源计量器具配备和管理通则》为 2006 版，本标准规定了用能单位能源计量器具配备和管理的基本要求，为企业完善能源计量设施和能源计量管理提供了依据和指导，有利于进一步提高企业的能源使用与计量管理水平。本标准为强制性标准。

3 术语和定义

下列术语和定义适用于本标准。

3.1

铁合金单位产品综合能耗 the comprehensive energy consumption per unit product of ferroalloy

在报告期内铁合金企业生产单位产品(1 标准吨)合格铁合金所消耗的各种能源，扣除工序回收并外供的能源后实际消耗的各种能源折合标准煤总量。

3.2

铁合金单位产品冶炼电耗 smelting electricity consumption per unit product of ferroalloy

在报告期内，铁合金冶炼工序每生产单位产品(1 标准吨)合格铁合金冶炼过程的耗电量，不包括原料处理、出铁、浇铸、精整等过程消耗的电量。

【释义】

本章明确了本标准中的术语、定义和符号只适用于本标准。其他标准是否适用要视具体情况而定。

铁合金单位产品综合能耗是在报告期内，生产过程中实际消耗的各种能源扣除工序回收并外供的能源后的净能源消耗量与合格铁合金产量(标准吨)的比值。

铁合金单位产品冶炼电耗是在报告期内，冶炼过程的耗电量与合格铁合金产量(标准吨)的比值。其中，冶炼过程的耗电量不包括原料处理、出铁、浇铸和精整等过程消耗的电量。

4 技术要求

4.1 现有铁合金生产企业单位产品能耗限额限定值

现有铁合金生产企业单位产品能耗限额指标包括单位产品冶炼电耗和单位产品综合能耗，其值应符合表1的规定。

表1 现有铁合金生产企业单位产品能耗限额限定值

合金品种	硅铁	电炉锰铁	锰硅合金	高碳铬铁	高炉锰铁
产品规格	FeSi75-A	FeMn68C7.0	FeMn64Si18	FeCr67C6.0	FeMn68C7.0
执行国家标准	GB/T 2272	GB/T 3795	GB/T 4008	GB/T 5683	GB/T 3795
标准成分	Si75	Mn65	Mn+Si82	Cr50	Mn65
单位产品冶炼电耗限额限定值/(kW·h/t)	≤8 800	≤2 700	≤4 400	≤3 500	焦炭 1 350 kg/t
单位产品综合能耗限额限定值[以电当量值0.122 9 kgce/(kW·h)计]/(kgce/t)	≤1 980	≤790	≤1 030	≤900	≤1 250
单位产品综合能耗限额限定值[以电等价值0.404 kgce/(kW·h)计]/(kgce/t)	≤4 600	≤1 610	≤2 380	≤1 950	
备注：入炉矿品位	—	Mn 38%	Mn 34%	Cr_2O_3 40%	Mn 37%
备注：入炉矿品位每升高降低1%，电耗限额值可降低升高值/(kW·h/t)	—	≤60	≤100	≤80 铬铁比≥2.2	焦炭 30 kg/t

【释义】

由于铁合金生产过程中冶炼电耗是铁合金单位产品能耗的主要组成部分，因此在设定单位产品能耗限额限定值的同时，也给出了冶炼电耗限定值。

同时考虑到原料入炉品位对冶炼电耗的影响，给出了相应规格的铁合金生产过程中品位变化对冶炼电耗的影响的经验数据，入炉品位与冶炼电耗变化呈反比关系，即入炉品位升高，冶炼电耗降低。

4.2 新建铁合金生产企业单位产品能耗限额准入值

新建及改扩建的铁合金生产设备包括铁合金矿热电炉采用矮烟罩半封闭或全封闭型，容量不小于 25 MV·A(中西部具有独立运行的小水电及矿产资源优势的国家确定的重点贫困地区，单台矿热电炉容量不低于 12.5 MV·A)；中低碳锰铁和中低微碳铬铁等精炼电炉，可根据产品特点选择炉型，容量一般不得低于 3MV·A；锰铁高炉容积不得低于 300 m^3。

新建或改扩建铁合金生产企业时，铁合金单位产品能耗限额准入值指标包括单位产品冶炼电耗和单位产品综合能耗，其值应符合表 2 的规定。

表 2 新建铁合金生产企业单位产品能耗限额准入值

<table>
<tr><td colspan="2">合金品种</td><td>硅铁</td><td>电炉锰铁</td><td>锰硅合金</td><td>高碳铬铁</td><td>高炉锰铁</td></tr>
<tr><td colspan="2">产品规格</td><td>FeSi75-A</td><td>FeMn68C7.0</td><td>FeMn64Si18</td><td>FeCr67C6.0</td><td>FeMn68C7.0</td></tr>
<tr><td colspan="2">执行国家标准</td><td>GB/T 2272</td><td>GB/T 3795</td><td>GB/T 4008</td><td>GB/T 5683</td><td>GB/T 3795</td></tr>
<tr><td colspan="2">标准成分</td><td>Si75</td><td>Mn65</td><td>Mn+Si82</td><td>Cr50</td><td>Mn65</td></tr>
<tr><td colspan="2">单位产品冶炼电耗限额准入值/(kW·h/t)</td><td>≤8 500</td><td>≤2 600</td><td>≤4 200</td><td>≤3 200</td><td>焦炭
1 320 kg/t</td></tr>
<tr><td colspan="2">单位产品综合能耗限额准入值[以电当量值 0.122 9 kgce/(kW·h)计]/(kgce/t)</td><td>≤1 910</td><td>≤710</td><td>≤990</td><td>≤810</td><td rowspan="2">≤1 220</td></tr>
<tr><td colspan="2">单位产品综合能耗限额准入值[以电等价值 0.404 kgce/(kW·h)计]/(kgce/t)</td><td>≤4 440</td><td>≤1 500</td><td>≤2 260</td><td>≤1 780</td></tr>
<tr><td rowspan="2">备注</td><td>入炉矿品位</td><td>—</td><td>Mn 38%</td><td>Mn 34%</td><td>Cr_2O_3 40%</td><td>Mn 37%</td></tr>
<tr><td>入炉矿品位每升高降低 1%，电耗限额值可降低升高值/(kW·h/t)</td><td>—</td><td>≤60</td><td>≤100</td><td>≤80
铬铁比≥2.2</td><td>焦炭 30 kg/t</td></tr>
</table>

【释义】

本条是强制性条款。

本条规定了钢铁生产企业在新建或改扩建生产工序设备时，其工序单位产品能耗指标必须达到的水平，高于能耗限额准入值的不予准入。为一些新建或现有企业的新建设备设定准入门槛，从而为避免生产工艺低水平重复提供能耗数据依据。

4.3 铁合金生产企业单位产品能耗限额先进值

铁合金生产企业或工序，在铁合金生产过程中应通过节能技术改造和加强节能管理，使铁合金单位产品能耗限额先进值符合表 3 的规定。

<table>
<caption>表 3　铁合金单位产品能耗限额先进值</caption>
<tr><td colspan="2">合金品种</td><td>硅铁</td><td>电炉锰铁</td><td>锰硅合金</td><td>高碳铬铁</td><td>高炉锰铁</td></tr>
<tr><td colspan="2">产品规格</td><td>FeSi75-A</td><td>FeMn68C7.0</td><td>FeMn64Si18</td><td>FeCr67C6.0</td><td>FeMn68C7.0</td></tr>
<tr><td colspan="2">执行国家标准</td><td>GB/T 2272</td><td>GB/T 3795</td><td>GB/T 4008</td><td>GB/T 5683</td><td>GB/T 3795</td></tr>
<tr><td colspan="2">标准成分</td><td>Si75</td><td>Mn65</td><td>Mn+Si82</td><td>Cr50</td><td>Mn65</td></tr>
<tr><td colspan="2">单位产品冶炼电耗限额先进值/(kW·h/t)</td><td>≤8 300</td><td>≤2 300</td><td>≤4 000</td><td>≤2 800</td><td>焦炭 1 280 kg/t</td></tr>
<tr><td colspan="2">单位产品综合能耗限额先进值[以电当量值 0.122 9 kgce/(kW·h)计]/(kgce/t)</td><td>≤1 850</td><td>≤670</td><td>≤950</td><td>≤740</td><td rowspan="2">≤1 180</td></tr>
<tr><td colspan="2">单位产品综合能耗限额先进值[以电等价值 0.404 kgce/(kW·h)计]/(kgce/t)</td><td>≤4 320</td><td>≤1 360</td><td>≤2 150</td><td>≤1 600</td></tr>
<tr><td rowspan="2">备注</td><td>入炉矿品位</td><td>—</td><td>Mn 38%</td><td>Mn 34%</td><td>Cr_2O_3 40%</td><td>Mn 37%</td></tr>
<tr><td>入炉矿品位每升高降低 1%，电耗限额值可降低升高值/(kW·h/t)</td><td>—</td><td>≤60</td><td>≤100</td><td>≤80
铬铁比≥2.2</td><td>焦炭 30 kg/t</td></tr>
</table>

【释义】

本条是推荐性条款。

铁合金单位产品能耗限额先进值和冶炼电耗限额先进值是根据国内外铁合金生产企业先进水平选取的，是现有铁合金企业节能的目标。

以我国铁合金生产现状来说，设备大型化是工序能耗指标达到或超过能耗限额先进值的基础，同时，企业需要加强能源管理，各工序应积极采用先进的节能技术不断进行技术改造，才有可能达到或超过能耗限额先进值。达到单位产品综合能耗限额先进值，并不代表该企业单位产品综合能耗达到国内或国际上的领先水平，随着钢铁工业工艺技术的不断发展和先进节能技术的应用，铁合金单位产品能耗也越来越低。

应该注意的是，一个企业的先进性，不仅从效益、能耗上看，更要从安全、环保、综合利用水平等方面综合考核。

国家鼓励钢铁企业新建工序设备时，按照粗钢生产主要工序单位产品能耗限额准入值进行设计和建造。同时，鼓励企业按照先进值标准来进行技术改造，更鼓励企业按照国内或国际上领先水平进行技术改造。

4.4　铁合金生产主要能源回收量先进值

铁合金产品生产过程中，应配备先进的节能设备，最大限度回收产生的能源，使回收的能源量达到规定的先进值：

a)　封闭电炉煤气有效回收利用率≥80%；

b)　锰铁高炉煤气回收利用率≥96%。

【释义】

本条是推荐性条款。

随着节能工作的深入，铁合金生产过程的节能不再仅限于减少能源消耗量，而是逐步注重工序中产生的能源回收利用，因此，为鼓励企业向更高层次推进节能工作，提出了铁合金生产主要能源回收量先进值。

5 统计范围和计算方法

5.1 统计范围及能源折算系数取值原则

5.1.1 统计范围

a) 铁合金单位产品综合能耗统计范围

矿热炉生产铁合金企业能耗应包括用于加热炉料，维持正常炉况耗用的冶炼电力能源消耗，用于还原矿石所需的碳质还原剂（冶金焦丁或气煤半焦焦粒）消耗，以及生产加工过程中的原料准备、输送、冶炼、合金浇注、精整及物料与合金运输的动力耗能，扣除回收并外供的二次能源（如，煤气等）量。

产品产量以精整后的按标准成分要求入库的成品量计。

b) 铁合金单位产品冶炼电耗统计范围

冶炼电耗统计以变压器高压侧的电表计量值为准。铁合金冶炼过程的耗电量，不包括生产时的烘炉电、洗炉电、动力电、照明电等。

产品产量以精整后的按标准成分要求入库的成品量计。

【释义】

本条规定了铁合金单位产品冶炼电耗的统计范围和铁合金单位产品冶炼电耗统计范围。

产品的标准成分应符合 GB/T 2272《硅铁》、GB/T 3795《锰铁》、GB/T 4008《锰硅合金》和 GB/T 5683《铬铁》的规定。

5.1.2 能源折算系数取值原则

各种能源的热值以企业在报告期的实测热值为准。没有实测条件的，采用附录 A 中各种折标准煤参考系数。

【释义】

本条说明了钢铁企业各种能源换算为标准煤的折算系数的确定方法。企业确定能源折标准煤系数按下列顺序确定：

(1) 由实测计算确定，实际测定燃料的低位发热量；

(2) 如不具备实测条件，可用发货单上的发热量计算，并转换为标准煤。

(3) 取规定的各种能源折算系数（见本标准的附录 A）。

鼓励企业按实测值确定能源折标准煤系数。

在企业内部同一能源品种，由于到货时间、供货单位不同，其实际发热值也不一样，因此确定折标准煤系数一般采用加权算术平均数的计算方法。

5.2 **计算方法**

5.2.1 **铁合金单位产品综合能耗**

铁合金单位产品综合能耗按式(1)计算：

$$E_{THJ}=\frac{e_{yd}+e_{th}+e_{dl}-e_{yr}}{P_{THJ}} \quad \cdots\cdots(1)$$

式中：

E_{THJ}——铁合金产品单位综合能耗，单位为千克标准煤每标准吨(kgce/t)；

e_{yd}——铁合金生产的冶炼电力能源耗用量，单位为千克标准煤(kgce)；

e_{th}——铁合金生产的碳质还原剂耗用量，单位为千克标准煤(kgce)；

e_{dl}——铁合金生产过程中的动力能源耗用量，单位为千克标准煤(kgce)；

e_{yr}——二次能源回收并外供量，单位为千克标准煤(kgce)；

P_{THJ}——合格铁合金产量，单位为标准吨(t)。

【释义】

本条规定了铁合金单位产品综合能源计算方法。

5.2.2 **铁合金单位产品冶炼电耗**

铁合金单位产品冶炼电耗按式(2)计算：

$$D_{THJ}=\frac{d_{yl}\times 10\ 000}{P_{THJ}} \quad \cdots\cdots(2)$$

式中：

D_{THJ}——铁合金单位产品冶炼电耗，单位为千瓦时每吨(kW·h/t)；

d_{yl}——铁合金冶炼电耗，单位为万千瓦时(10^4kW·h)；

P_{THJ}——合格铁合金产量，单位为标准吨(t)。

【释义】

本条规定了铁合金单位产品冶炼电耗的计算方法。

6 节能管理与措施

6.1 企业应定期对铁合金生产的能耗情况进行考核，并把考核指标分解落实到各基层部门，建立用能责任制度。

【释义】

根据铁合金企业能耗限额指标和实际生产情况，建立科学合理的节能评价考核制度，将节能指标分解落实到铁合金生产的各类产品和各工序，组织开展节能专项检查，定期进行考核。

6.2 企业应按要求建立能耗统计体系，建立能耗计算和考核结果的文件档案，并对文件进行受控管理。

【释义】

能耗统计体系是企业进行能耗指标核算和分析、能源管理的基础，应按要求建立健全能源统计原始记录和能源统计台账，建立并管理好能耗计算和统计结果的文件档案。

6.3　企业应根据 GB 17167 的要求配备能源计量器具并建立能源计量管理制度。

【释义】

企业应根据 GB 17167 的要求配备一定数量的准确度等级符合要求的能源计量器具。建立能源计量管理体系，形成文件，并保持和持续改进其有效性。

6.4　新建或改扩建的铬、锰系铁合金矿热炉，原则上应建设封闭型电炉。产生的煤气应予以回收并合理利用。

【释义】

本条说明了铁合金企业在新建大型矿热炉设备时，应考虑到煤气的回收与利用，应建设封闭型电炉。

附　录　A

（资料性附录）

主要能源折标准煤参考系数

能源名称	平均低位发热量	折标准煤系数
无烟煤(湿)	25 090 kJ/kg	0.857 1 kgce/kg
动力煤(湿)	20 908 kJ/kg	0.714 3 kgce/kg
焦炭(干全焦)(灰分 13.5%)	28 435 kJ/kg	0.971 4 kgce/kg
100 m³～255 m³ 锰铁高炉用焦炭(炼铁高炉的筛下焦)	0.95×28 435 kJ/kg	0.95×0.974 0 kgce/kg
矿热炉用焦丁	0.90×28 435 kJ/kg	0.90×0.971 4 kgce/kg
硅铁生产用半焦焦丁	0.75×28 435 kJ/kg	0.75×0.971 4 kgce/kg
锰铁高炉煤气	4 100 kJ/m³～4 300 kJ/m³	0.140 1 kgce/m³～0.147 0 kgce/m³
封闭电炉煤气	4 000 kJ/m³～5 000 kJ/m³	0.136 7 kgce/m³～0.170 9 kgce/m³
燃料油	41 816 kJ/kg	1.428 6 kgce/kg
电力(当量值)	3 600 kJ/(kW·h)	0.122 9 kgce/(kW·h)
电力(等价值)	—	0.404 0 kgce/(kW·h)

【释义】

附录 A 给出了主要能源折标准煤参考系数。

第四节　实施标准的有关措施

GB 21341—2008 自 2008 年 6 月 1 日起正式实施，实施一年半的行业企业反映，普遍认为铁合金产品冶炼电耗的限额指标基本反映了现实国情和发展的目标。但基于铁合金行业生产现状及能源统计数据实际情况，要确保标准实施的效果，还需要一些相关措施的保障。

一、管理措施

1. 加强计量管理，确保能源计量完备性和能源数据的可靠性

统计是能耗限额顺利实施的基础，铁合金行业由于产业集中度低、企业数量多，规模小，能源消耗情况的统计基础薄弱，而行业协会仅对会员企业进行数据统计。行业企业间没有能源数据交流机制，能源数据统计未得到相应的重视。目前如何加强和完善，建议有关部门考虑建立铁合金行业上报和核查能源统计报表数据制度。

同时，企业的能源计量工作应该逐步要求，尽快完善。

2. 加强铁合金行业的能源统计培训及标准宣贯培训

由于能源统计基础薄弱，一些企业对于铁合金单位产品综合能耗的限定值较难理解，实际生产的综合能耗计算与统计更显得难于掌握。为此，建议有关部门、协会应倡导和举办小型学习办或组织专业人员深入基层企业，进行标准宣讲及综合能源消耗计算培训，推进企业节能减排工作的深入开展。

3. 建议国家有关部门制定相应政策，对节能减排工作予以支持

(1) 在铁合金行业具有重大技术经济成效的能源回收项目，建议国家有关部门予以立项和经费支持，并组织有关单位开展产学研的联合攻关。如液态铁合金凝固、冷却过程中物理热的回收；封闭电炉煤气回收利用及半封闭电炉高温烟气热能回收利用最佳工艺的探讨等节能减排项目，均应纳入这种研发程序。

(2) 鉴于铁合金行业的节能减排工作任务繁重，采用先进工艺技术和装备开展技术改造投资数额巨大，建议国家有关部门制定铁合金行业节能减排激励机制。

对于开展节能减排改造的工程项目，放宽贷款限制，给予资金支持；或设立节能减排专项基金，对开展节能减排的企业给予资金补贴，加大支持力度，促进节能减排技术的推广应用。

对于建立节能减排技改项目并与有关部门签订责任目标的铁合金企业，在项目取得预期进展后，予以节能资金奖励。

对于开展节能减排技术开发、技术改造，给予适量的增值税、所得税一定年限的减收优惠政策，加速企业节能减排技术改造。

继续执行对环境污染物进行治理回收的产品减免征收增值税(或先征后退)政策。

4. 加大铁合金行业准入与非准入区别对待的政策力度

加大铁合金行业准入与非准入企业有区别的政策力度，鼓励铁合金企业积极争取达到考核目标，尽早实现准入的竞争机制。通过准入审查，激励企业开展节能减排技术改造。对能耗高的游离于行业准入之外的铁合金企业，应该制定执行差别电价的政策等区别待遇，推动企业实施节能技术。

5. 慎重考虑2010年全面淘汰6 300 kVA矿热炉问题

多年实践表明，6 300 kVA矿热炉在使用不同原料生产锰、铬系铁合金及硅铁时，均可获得良好的技术经济指标，是我国目前的主体炉型，且特别适用于四川、湖南、广西、贵州等雨量充沛、小型水电区域网络的欠发达地区洁净能源的有效利用。不宜盲目鼓励建设大中型铁合金设备，更不能随意损坏铁合金适宜炉型的存在，否则造成小型水电能源的白白浪费。为此建议在淘汰6 300 kVA铁合金电炉时要充分考虑其存在的优势。

6. 借助"节能目标考核实行问责制"的实施，推动铁合金节能减排

去年11月国务院发布了节能减排考核实施方案和办法，要求对省级人民政府和重点耗能企业年度节能减排情况进行统计、监测和考核。评价结果作为实行责任制、问责制的重要依据。我们要利用《节约能源法》和节能减排考核办法，加快先进节能技术和高效节能技术的推广应用，实施有利于节能的经济政策。

7. 高度认识铁合金行业节能工作存在的问题

(1) 铁合金生产能力过剩，产业集中度低，装备落后

据预测，目前我国铁合金生产企业约2 000余家，铁合金产能已达到3 500万t，而按2008年钢产量5.1亿t计算，铁合金需求量仅为1 600万t，因此铁合金产能远远过剩。

铁合金生产企业规模偏小，年生产能力超过10万t的企业产能约占总产能的20%，年生产能力在3万t～10万t的企业产能约总产能的30%，生产能力在1万t～3万t的企业产能约占总产能的30%，年产能不足1万t的企业产能约占总产能的20%。

我国铁合金生产设备近4 000台套，其中矿热炉约占90%，锰铁合金高炉约占1%，其他窑炉约占9%。矿热炉中容量≤5 000 kVA的落后产能不到总产能的20%，容量≥25 000 kVA的矿热炉产能不及总产能的10%。总体上看，我国铁合金生产技术装备水平不高。

近年来，受市场拉动，新上铁合金的项目不少。新建项目铁合金矿热炉容量较大，但其技术装备水平却不算高，存在低水平的重复建设，仅仅是容量较大而已。

(2) 铁合金生产消耗能源消耗量仍较高

如前所述，2007年铁合金生产耗用的能源，超过全国能源消耗总量的2%。近期对部分产能较大的骨干企业"节能减排"情况调研结果表明，较多铁合金企业的锰硅合金、高炉锰铁产品能源消耗达到或接近本标准的能耗限额限定值和准入值要求。但不少与能耗限额标准的限定值、准入值存在较明显的差距硅铁、工业硅、电炉锰铁及高碳铬铁仍在生产，这些企业或是资源消耗量偏高或是未达到铁合金行业准入的条件要求，致使铁合金行业能源消耗量偏高。

不难想象，全行业的铁合金产品能耗和资源消耗水平会较骨干企业的消耗高出不少，铁合金生产节能、降耗的工作压力是任重道远。

二、技术措施

铁合金生产节能减排是一项综合性很强的系统管理技术。铁合金生产节能重点在于节约电力和还原剂(焦炭)消耗，其次是节省锰矿、铬矿等原材料的消耗，减少烟尘、废渣和废水的污染和排放。为此应抓紧改进和完善入炉原料条件、生产工艺和设备，治理"三

废”,有效回收利用能源和资源。目前已成熟的节能技术与装备如下：

1. 精料入炉技术

精料入炉是搞好铁合金生产、获得先进技术经济指标的重要条件,应积极创造条件将粉状锰矿或铬矿采用烧结工艺或压球造块技术实现块状炉料入炉,以改善炉料透气性。条件允许时,还应对入炉原料采取干燥、预热焙烧,甚至预还原及热矿入炉。

2. 选用具有节能效果的生产技术装备

(1) 选用组合式把持器电极柱技术,以利于自焙电极的焙烧控制,减少电极事故;

(2) 选用矿热炉低压无功补偿技术,以减少无功损耗,提高功率因数和提高合金产量;

(3) 新建大中型矿热炉时,可考虑用 110 kV 电源直供技术和装备,以减少路途电能损耗,减少设备投资,既可获得稳定的电源供电质量,还可节省电费(每千瓦电力可少花 1.2 分钱);

(4) 采用大型烟气除尘风机及液压泵变频调节技术、照明系统新型节能技术实现节能;

(5) 选用成熟的直流矿热炉和低频电炉生产铁合金。

3. 进一步完善和推广使用先进的铁合金生产工艺技术

(1) 锰(铬)矿预热、预还原及热矿入炉生产高碳锰(铬)铁及中低碳锰(铬)铁技术;

(2) 液态锰硅合金热装入炉生产中低碳锰铁工艺、液态高碳锰(铬)铁吹氧转炉生产中低碳锰(铬)铁技术;

(3) 矿热炉一步法生产硅铬合金技术。

4. 铁合金生产设备余热回收技术

(1) 半封闭矿热炉高温烟气净化、余热回收与利用(或直接用于回转窑锰矿干燥、预热);

(2) 中型容量以上封闭矿热炉煤气回收与利用技术(用于矿石干燥、预热与还原、烧结机和发电);

(3) 高炉锰铁生产过程中煤气的回收与利用;

(4) 矿热炉设备冷却水余热回收与利用;

(5) 液态合金渣蕴含大量物理热能、其降温过程中物理热能的回收与利用是尚待开发的一项新型工艺技术。

5. 管控一体化工业计算机对矿热炉进行科学控制管理技术

管控一体化技术工业计算机系统配有一配料指导软件。该软件是根据铁合金冶炼原理与冶炼工艺过程的实验经验,两者相结合而成的应用软件,有很强的理论性和实践性。在生产实践中实现过程控制的优化,可以使冶炼电耗、矿耗各降低 5%左右,产量提高 7%左右,综合效益 10%以上,并实现生产的科学管理。

第五节　铁合金单位产品能耗计算示例

铁合金单位产品能耗的统计报告期为年或月,根据标准中所规定统计范围,某铁合金企业 2008 年 10 月硅铁合金的能源消耗及回收情况见表 3-19,其铁合金以矿热炉生产。

所给出的能源消耗实物量已折合到单位产品。

表 3-19　某铁合金生产企业硅铁合金生产能源消耗

项　目		能源消耗实物量	折标准煤系数	能源消耗折标准煤量/(kgce/t)
冶炼电耗		8 550 kW·h/t	0.122 9 kgce/(kW·h)	$e_{yd}/P_{THJ}=1\ 050.80$
动力电耗[1]		600 kW·h/t	0.122 9 kgce/(kW·h)	$e_{dl}/P_{THJ}=73.74$
还原剂消耗	焦丁	550 kg/t	0.9×0.971 4	$e_{th}/P_{THJ}=480.84+400.70=881.54$
	半焦	550 kg/t	0.7×0.971 4 kgce/t	
能源回收		—	—	$e_{yr}/P_{THJ}=0$

1)　动力电耗包括当月烟气除尘设备耗电和当月每吨硅铁产品分摊的空压机、吊车及水泵设备运行耗电。

根据标准所规定的铁合金单位产品能耗计算公式：

$$
\begin{aligned}
E_{THJ} &= \frac{e_{yd}+e_{th}+e_{dl}-e_{yr}}{P_{THJ}} \\
&= \frac{e_{yd}}{P_{THJ}}+\frac{e_{th}}{P_{THJ}}+\frac{e_{dl}}{P_{THJ}}-\frac{e_{yr}}{P_{THJ}} \\
&= (1\ 050.80+73.74+881.54-0)\text{kgce/t} \\
&= 2\ 006.08\ \text{kgce/t}
\end{aligned}
$$

计算结果表明，该企业的铁合金单位产品能耗未达到标准规定的限额限定值要求(≤1 980 kgce/t)高出限额限定值 26 kgce/t，但其冶炼电耗 8 550 kW·h/t 已达到标准规定的单位产品冶炼电耗限额限定值的要求(≤8 800 kW·h/t)，因此造成该企业硅铁企业单位产品综合能耗高的主要原因在于动力电消耗过高和还原剂消耗高，应对生产流程和工艺操作的进行优化，以减少消耗，使其硅铁单位产品综合能耗达到标准规定的限额限定值的要求。

主要参考文献

[1]　国家发改委，“铁合金行业节能减排应用技术推广研究”技术报告[R]. 国家发改委，2007.

[2]　杨志忠. 执行能源限额标准，推进实施铁合金节能减排. 中国钢铁大趋势[M]. 北京：经济日报出版社，2009.

第四章
炭素单位产品能源消耗限额标准

第一节　绪　　论

一、标准编制背景与目的

我国是资源、能源相对不足的国家。节约能源，利国利民，功在千秋。为在“十一五”期间配合国家节能法的修订，并贯彻《钢铁产业发展政策》，特制定本标准。

炭素企业主要有三大耗能工序，即煅烧、焙烧和石墨化工序，对应三大炉窑，即煅烧炉、焙烧炉和石墨化炉。多年来各炭素企业通过技术进步和设备更新，对上述三大炉窑进行了改造：1)绝大多数企业在煅烧工序中使用了罐式煅烧炉，基本上实现无外加燃料煅烧；2)焙烧工序采用环式焙烧炉、隧道窑等新型设备，实现了节能降耗；3)石墨化工序应用了大型直流石墨化炉和内热串接石墨化炉，大幅降低了石墨化工序的工艺电耗。

对中国炭素行业协会会员企业中近40家炭素企业三大炉窑设备状况的不完全统计分析，目前压型工序用的煅烧炉39台(套)，其中罐式煅烧炉38台，约占总量的97%以上。焙烧炉97台(套)，其中环式焙烧炉42台，约占43%；隧道窑4台，约占4%；车底炉3台，约占3%，倒焰窑28台，占29%，坑式炉20台，占21%。石墨化炉48组，其中大、小直流石墨化炉31组，约占65%，内热串接石墨化炉17组，约占35%。可见，在炭素生产中仍有些落后的高能耗的设备在继续使用，如焙烧工序的倒焰窑、坑式炉，石墨化工序中的小型直流石墨化炉等，而且存在不少只有部分工序的不完全工序的独立炭素企业。统计表明，其中产能小、能耗高、工艺落后的设备及工艺技术约占20%～30%左右。

GB 21370—2008《炭素单位产品能源消耗限额》的实施，对于淘汰落后的高能耗设备及工艺，推动炭素企业节能降耗，降低企业成本，提高企业效益，强化行业能源管理，促进炭素行业健康发展具有重要的现实意义和深远意义。

二、标准编制过程

(1) 调研、收集炭素制品能耗状况。2007年5月～6月初，收集、调研40多家企业能耗设备状况及炭素行业重点企业能源统计消耗数据。并查阅大量有关资料，进行了各品种、各工序单位产品综合能耗的测算和分析。

(2) 2007年6月初，提出限额初稿方案，经起草组和有关专家共同认定形成讨论稿。

(3) 2007年7月，在北京召开了由中国钢铁工业协会、中国炭素行业协会、有关炭素企业专家参加的关于限额标准讨论会，提出对限额标准的修改意见。

(4) 2007年8月～9月初，根据讨论会提出的修改意见，对限额标准进行修订，并重新征求部分企业意见，形成送审稿。

(5) 2007 年 9 月 18 日，由国家标准化管理委员会组织召开了《炭素单位产品能源消耗限额》国家标准审定会，对本标准送审稿给予了肯定，并提出了具体的修改意见。

(6) 2007 年 9 月～10 月，根据审定会的修改意见，修改送审稿，形成报批稿，报送国家标准化委员会审批。

(7) 2008 年 1 月 21 日，炭素单位产品能源消耗限额标准发布，2008 年 6 月 1 日起实施。

第二节　限额指标的确定

一、炭素行业概况

我国炭素工业自 1955 年吉林炭素厂落成至今，经历了从无到有、从小到大的发展过程，到 20 世纪 80 年代，中国已经成为石墨电极生产大国。21 世纪初期，大大小小炭素企业近千家分布全国各地。工序完整并具有一定规模的炭素企业也有近百家。

从 20 世纪 50 年代至今，随着我国炭素工业的不断发展壮大，生产能力、技术水平在不断提高。自主创新、走出国门，使炭素制品不仅满足国内炼钢工业及其他冶炼工业的需求，同时出口世界 80 多个国家和地区。1995 年，中国出口石墨电极大约 20 000 t 左右，到 2008 年年底，已增加到 261 981 t(其中普通功率石墨电极 32 210 t，高功率电极 83 788 t，超高功率石墨电极 38 616 t)，增长了 13 倍。

据中国炭素行业协会 2008 年年报统计，截止 2008 年年底，列入协会统计范围的 38 家规模炭素企业年产炭素制品(炭素企业生产的产品统称炭素制品)已达到 1 180 579 t。其中石墨电极类产品 586 636 t(普通功率石墨电极 192 385 t、高功率石墨电极 240 195 t、超高功率石墨电极 154 056 t)。与 1995 年相比，增长了 179.35%。炭制品类产品 579 140 t(其中：炭块类产品 85 875 t、炭电极类产品 382 950 t)。炭素制品总产量排名前十名企业见表 4-1。

表 4-1　2005 年～2009 年 1 月～9 月炭素制品总产量前 10 名企业及产量　t

年份排名	2005 年	2006 年	2007 年	2008 年	2009 年 1 月～9 月
1	吉林炭素	新郑豫电	强强碳素	强强碳素	强强碳素
	131 285	97 896	115 198	263 267	170 331
2	兰州炭素	中钢吉炭	中钢吉炭	中钢吉炭	索通发展
	53 096	97 147	102 985	122 395	104 388
3	涞水长城长	涞水长城长	新郑豫电	新郑豫电	平阴丰源
	36 500	91 596	86 838	93 570	64 792
4	抚顺炭素	方大抚炭	涞水长城长	方大炭素	中钢吉炭
	35 544	35 544	79 454	80 531	67 511
5	士达炭素	士达炭素	方大炭素	河北顺天	方大炭素
	30 299	33 157	57 680	61 207	52 065

续表 4-1　　t

年份排名	2005 年	2006 年	2007 年	2008 年	2009 年 1 月～9 月
6	鲁山炭素	方大炭素	河南方圆	青海长春	东明金利达
	26 488	32 715	50 063	45 259	47 537
7	南通碳素	南通碳素	南通碳素	河南方圆	河北顺天
	24 918	28 678	41 201	45 220	41 303
8	晋阳碳素	鲁山炭素	晋阳碳素	南通碳素	新郑豫电
	23 103	27 269	38 240	44 953	39 079
9	上海碳素	介休巨源	士达炭素	方大抚炭	冀州长安
	21 206	23 539	38 146	31 717	29 879
10	新乡超力	晋阳碳素	青海长春	士达炭素	河南方圆
	20 006	21 204	32 713	30 859	25 666

炭素制品由于品种多、材料综合性能好，因此应用十分广泛。普遍应用到冶金、化工、电气、机械、交通运输、航空、原子能工业和导弹、火箭等军事工业。炭素制品中石墨电极、炭电极和炭块为其主要产品。

(1) 石墨电极

石墨电极是以石油焦、沥青焦为主要原料，煤沥青为粘结剂，经过煅烧、破碎、配料、混捏、成型、焙烧、石墨化和机械加工制成的一种耐高温的石墨质导电材料。

石墨电极由于具有良好的导电、导热性能、机械强度高、高温下抗氧化腐蚀性能好，因此是冶炼工业中重要的导电材料，被广泛应用于电弧炼钢炉、矿热电炉(生产铁合金、纯硅、黄磷、冰铜、电石等)、电阻炉(生产石墨电极的石墨化炉、融化玻璃的熔炉、生产碳化硅的电炉)等。其中用量最大的就是电炉炼钢。

石墨电极由于生产所用原料不同以及技术指标区别，可分为普通功率石墨电极、高功率石墨电极和超高功率石墨电极。

(2) 炭电极

炭电极是以无烟煤、冶金焦及煤沥青为主要原料经煅烧、破碎、配料、混捏、成型、焙烧和机械加工制成。为降低产品的灰分，也可以用石油焦、沥青焦代替冶金焦生产炭电极。炭电极耐高温、耐腐蚀，而且有较好的高温强度。主要用于生产工业硅、黄磷或刚玉的矿热炉。

(3) 炭块

炭块是以无烟煤、冶金焦、石墨碎、煤沥青为原料，经煅烧、破碎、配料、混捏、成型、焙烧和机械加工制成。

炭块可以分为高炉炭块、电炉炭块及铝电解槽用炭块。炭块类产品具有良好的导电、导热性，较好的化学稳定性、高温体积稳定性与高温强度，是冶金行业大量使用的炭质耐火材料。广泛用于炼铁高炉、铁合金炉、电石炉、铝电解槽上做砌筑耐火材料。

以 2006 年全国重点炭素企业（全国 37 家炭素企业）为例，全年炭素制品总产量 72.5 万 t，其中，石墨电极（普通电极、高功率电极和超高功率电极合计）40.6 万 t，约占总产量的56%；炭块类产品4.4万t，约占总产量的6.1%；炭电极约6.6万t，约占总产量的9.1%。石墨电极、炭块、炭电极的产量占炭素制品总量的71%。详见图4-1。

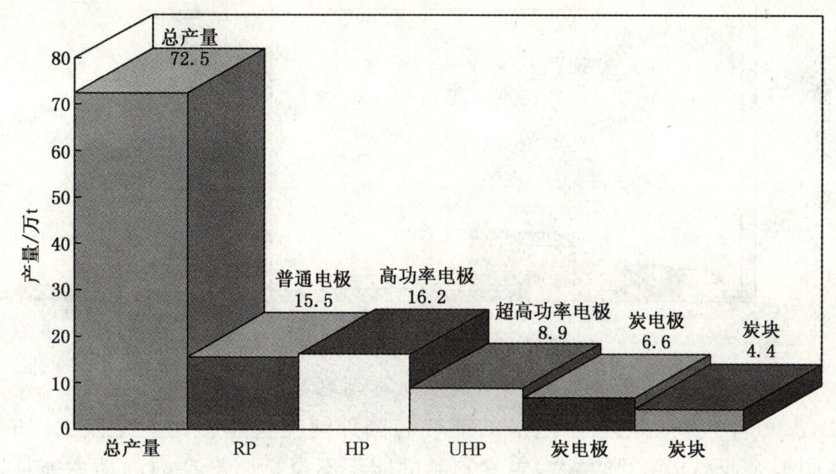

图4-1 炭素制品总产量及各主要品种产量

炭素制品生产工艺流程简图见图4-2。

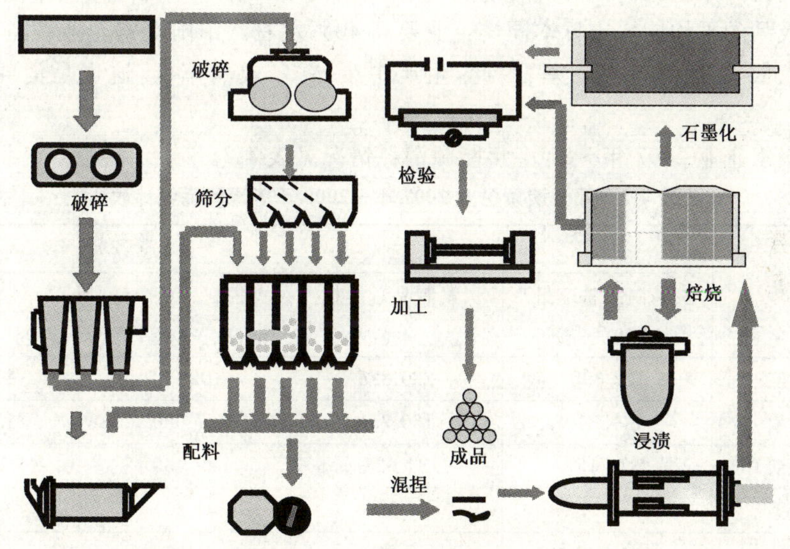

图4-2 炭素制品工艺流程简图

从炭素制品工艺流程图中不难看出：炭素企业的主要耗能工序为压型、焙烧和石墨化工序。主要耗能设备是煅烧炉、焙烧炉和石墨化炉。以两个典型的炭素企业为例的各工序能耗比例见图4-3。

由图4-3可见，炭素企业中压型工序、焙烧工序、浸渍工序、石墨化工序和加工工序等各工序对应的能源消耗约占产品总能耗的比例依次为6%、13%、1%、79%和1%，其中焙烧工序和石墨化工序是能源消耗最大的两道工序，能耗比例分别为13%和79%。而不完全工序的独立炭素企业多以这两个工序的为主。

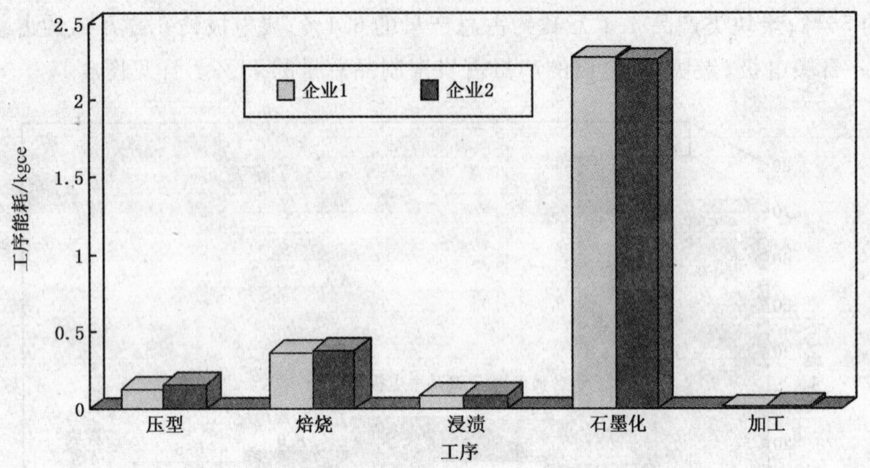

图 4-3 工序能源消耗比例

20 世纪 90 年代初中国石墨电极的能耗与国外同类企业相比差距较大,如电力消耗要比国外同类企业高出 30%左右,炭素制品的能耗不包括原料在内的动力能耗(电力、煤气、蒸气)要比国外同类企业高出 40%～50%。主要原因在于工艺、设备落后和管理落后。国外生产石墨电极(主要生产大规格电极)多数已经采用串接石墨化工艺,每吨石墨电极的电耗比一般直流供电的爱奇逊石墨化炉电耗还要低 20%左右。中国使用环式焙烧炉烧半成品的平均能耗比日本同类企业要高 40%左右。中国炭素企业装备机械化、自动化程度较低,生产稳定性较差,因此,生产中废品多,成品率低,这也是消耗高的重要原因。

部分炭素企业 2007 年～2008 年能源消耗情况见表 4-2。

表 4-2 部分炭素企业 2007 年～2008 年能源消耗统计表

企业名称	2008 年		2007 年	
	炭素制品总产量/t	炭素制品总能耗/tce	炭素制品总产量/t	炭素制品总能耗/tce
中钢吉炭	122 395	220 825	102 985	215 194
方大炭素	80 531	160 751	57 680	123 087
方大抚炭	31 717	34 528	29 459	34 277
南通碳素	44 953	61 880	41 201	65 960
大同晋能	21 047	67 866	22 000	42 636
山东八三	25 264	34 819	25 579	30 248
湖南银光	9 957	11 169	18 505	19 950
方大蓉光	14 039	25 383	14 215	27 167
合　　计	349 903	617 221	311 624	558 519

二、调研数据分析

1. 炭素企业单位产品能耗现状

由于炭素生产的特殊性,完全工序、不完全工序大小炭素企业几百家遍布全国各地,但是，基于多方面原因，有关能源消耗的交流资料甚少，加上近年来企业之间，年度之间能源消耗统计的口径不一，导致数据缺乏连续性，无法深入分析。针对这种情况，在标准的编制过程中，经多方收集，选择了具有代表性的十家完全工序重点企业进行综合分析，见表 4-3。

表 4-3　我国重点炭素企业 2003 年～2005 年综合能耗指标　　kgce/t

序号	企业	普通石墨电极			高功率石墨电极			超高功率石墨电极		
		2003 年	2004 年	2005 年	2003 年	2004 年	2005 年	2003 年	2004 年	2005 年
1	A	3 704	3 725	3 755	4 060	4 076	4 137	4 520		4 820
2	B	4 152	3 904	3 820		4 007	4 408		4 927	4 804
3	C	4 254	4 481	4 452	5 103	5 134	5 173	5 478	4 100	5 573
4	D	3 930		4 253		4 667	5 304		5 710	6 144
5	E		3 874	3 880		4 636	4 670		5 423	4 765
6	F		5 350	4 900		5 630	5 300		4 843	5 700
7	G	4 131	4 365	4 425		4 365	4 750		5 986	5 350
8	H	5 230	4 909		5 637	5 139			5 350	
9	I	4 096	4 524	4 050						
10	J			6 102						

注：1　表所列指标是部分炭素企业产品单位综合能耗扣除原料消耗后的指标。

2　表中所列数据中电力折标准煤系数均按 0.404 kgce/(kW·h) 计算。

3　上述十家企业石墨电极总产量约占本标准统计的行业石墨电极产量的 65%以上。

从表 4-3 中不难看出，普通功率石墨电极单位产品综合能耗平均水平大约在 3 900 kgce/t～4 500 kgce/t；高功率石墨电极单位产品综合能耗平均水平在 4 400 kgce/t～5 600 kgce/t；超高功率石墨电极单位产品综合能耗平均水平在 4 800 kgce/t～6 000 kgce/t。

炭电极、炭块生产企业相对石墨电极生产企业较少，因此，收集上来的数据也少，所以仅选择有代表性的三家企业进行分析，见表 4-4。

在收集资料基础上，对国内外炭素行业主要工序能耗水平进行了比较分析，见表 4-5。

表 4-4　2004 年～2006 年度炭素企业炭电极、炭块单位产品综合能耗　　kgce/t

编号	企业	普通炭块			(半)石墨质炭块			微孔炭块			炭电极		
		2004年	2005年	2006年	2004年	2005年	2006年	2004年	2005年	2006年	2004年	2005年	2006年
1	A	1 130	—	—	—	—	—	—	—	—	—	—	—
2	B	—	—	—	1 552	1 642	1 367	1 730	1 831	1 429	—	—	—
3	C	—	—	—	—	—	—	—	—	—	Φ800～1 000　1 682 ＞Φ1 000　1 850	—	—

注：1　表格中所列指标是扣除原料消耗后的指标。

2　表中所列数据电力折标系数按 0.404 kgce/(kW·h)计算。

3　上述三家企业炭电极、炭块总产量约占本标准统计的行业炭电极、炭块产量的 58%以上。

表 4-5 炭素行业主要工序能耗比较 kgce/t

工序	重点企业平均	国内先进	国内落后	国际先进
焙烧	440～540	440	660	300
石墨化	2 290～2 800	2 290	2 800	1 900

2. 单位产品综合能耗实际测算

为验证收集数据的可靠性，依据各工序单位产品能耗进行了实际测算。

炭素制品生产工序基本分为压型、焙烧、浸渍、石墨化和加工等五大工序。其能源消耗各工序差异较大。以高功率石墨电极为例，各工序单位产品能耗分别约占高功率石墨电极单位产品综合能耗的 7%、26%、2%、64%、1%左右。因此，重点剖析能耗较高的焙烧、石墨化两个工序。

多年来，工序单位产品能耗不作为行业交流资料，更不作为独立报表，仅作为企业内部台账管理，因此，数据收集难度更大。仅以了解到的典型企业实耗及有关工序重点耗能设备能量平衡测试报告进行综合分析。

(1) 压型工序

该工序主要耗能设备为煅烧炉，目前，国内煅烧设备主要有罐式煅烧炉和回转窑。在正常生产过程中，大多数企业基本实现了无外加燃料煅烧。煅烧燃料消耗主要是回转窑每次开炉升温及罐式煅烧炉焚烧沉积物，根据企业实耗和查证罐式煅烧炉及回转窑能量平衡测试报告、行业颁发的罐式煅烧炉和回转窑燃料能源等级标准，确定压型工序煅烧燃料消耗数值。煅烧炉燃料消耗（以煅后料计）取值为 80 kgce/t，动力（电、水、蒸汽、空气）消耗取值参照企业实际，确定为 180 kgce/t。为此，压型工序单位产品能耗限额值取为 260 kgce/t。

(2) 焙烧工序

炭素制品焙烧主要在焙烧炉里进行。焙烧炉主要有环式焙烧炉、倒焰窑、隧道窑、车底炉等炉型。焙烧的燃料消耗（以焙烧品计）约占焙烧工序的 74%，实耗范围在 90 kgce/t～520 kgce/t。目前，国内应用较多的是环式焙烧炉和倒焰窑。环式焙烧炉燃料消耗一般在 280 kgce/t～480 kgce/t；倒焰窑则在 520 kgce/t 左右。详见表 4-6。

表 4-6 焙烧炉燃料消耗统计表 kgce/t

炉窑名称	企业实耗	热平衡测试	有关资料介绍
环式杯烧炉	280～400	296～484	240～350
倒焰窑	520	—	512
隧道窑（二次焙烧）	—	—	90
车底炉	—	—	160～200

根据企业实耗及查证有关资料，焙烧炉燃料能源消耗取值 440 kgce/t；辅料消耗依据企业实耗及有关焙烧炉物料平衡报告，取 95 kgce/t；动力消耗（电、水、空气）45 kgce/t，为此，焙烧工序单位产品能耗限额值取 580 kgce/t。

(3) 浸渍工序

参照企业实耗以浸渍品计取 100 kgce/t。

(4)石墨化工序

炭素制品石墨化是在石墨化炉里进行的。石墨化炉主要分以下几种:交流石墨化炉、直流石墨化炉、内热串接石墨化炉等。目前,在行业内交流石墨化炉已基本淘汰。但规模小、产能小且能耗高的小型直流石墨化炉仍占本标准统计的石墨化炉总数的5%~10%。

石墨化工序工艺电耗约占石墨化工序单位产品能耗的74%左右。以2006年为例,重点炭素企业石墨化工艺电耗见表4-7。

表4-7 2005年~2006年度重点炭素企业炭素制品石墨化工艺电耗汇总表 kW·h/t

企业名称	普通功率石墨电极		高功率石墨电极		超高功率石墨电极	
	2005年	2006年	2005年	2006年	2005年	2006年
A	4 412	4 226	4 141	4 086	4 797	4 760
B	4 413	4 316	4 661	4 499	4 694	4 633
C	5 220	5 040	4 979	5 052	7 853	6 730
D		5 104	4 885	5 069	5 100	5 064
E	4 350	4 250	4 550	4 350	4 650	4 400
F	5 164	4 334	5 921	4 492	6 237	4 764
G	4 875	5 000	5 333	5 068		
L	4 620	4 517				

从表4-7中不难看出,普通功率石墨电极石墨化工艺电耗(以石墨化品计)在4 200 kW·h/t~5 200 kW·h/t之间;高功率石墨电极石墨化工艺电耗在4 500 kW·h/t~5 900 kW·h/t之间;超高功率石墨电极石墨化工艺电耗在4 800 kW·h/t~6 200 kW·h/t之间。

钢铁工业节能设计规范中规定炭素制品石墨化工艺电耗设计指标应符合表4-8规定。

表4-8 石墨化工艺电耗指标

电 耗 指 标		直流石墨化炉		内热串接石墨化炉
		≤13 000 kVA	≥15 000 kVA	
普通功率石墨电极	kW·h/t	5 200	3 700	3 500
高功率石墨电极	kW·h/t	5 500	3 900	3 700
超高功率石墨电极	kW·h/t	5 600	4 100	3 750

依据企业实耗,参考钢铁工业节能设计规范,炭素制品石墨化半成品工艺电耗确定为2 020 kgce/t;辅料消耗根据企业实耗及石墨化炉物料平衡测试资料取值为640 kgce/t;动力(动力电、水、空气)消耗为40 kgce/t。最终石墨化工序单位产品能耗限额值为2 700 kgce/t。

(5)加工工序

根据企业实耗限额值取为60 kgce/t。

经上述综合分析,炭素制品各工序单位产品能耗限额值(以相应工序吨产品计)为:压型工序260 kgce/t;焙烧工序580 kgce/t;浸渍工序100 kgce/t;石墨化工序2 700 kgce/t;加工工序60 kgce/t。据此,测算出石墨电极、炭电极、炭块单位产品综合能耗,主要生产工序单位产品能耗分别见表 4-9、表 4-10。

表 4-9 石墨电极、炭块及炭电极单位产品能耗(计算值)

	普通石墨电极	高功率石墨电极	超高功率石墨电极	普通炭块	(半)石墨质炭块	微孔炭块	炭电极
限额值/(kgce/t)	4 569	5 678	6 782	1 187	1 316	1 367	1 092
准入值/(kgce/t)	4 125	5 160	5 895	1 070	1 078	1 183	990
先进值/(kgce/t)	3 965	4 811	5 599	908	993	1090	912

表 4-10 主要生产工序单位产品能耗(计算值) kgce/t

		普通石墨电极	高功率石墨电极	超高功率石墨电极	普通炭块	(半)石墨质炭块	微孔炭块	炭电极
焙烧	限额值	578	649	758	595	595	622	541
	准入值	481	577	674	529	529	553	481
	先进值	441	529	615	485	485	507	441
石墨化	限额值	2 689	2 803	2 900	—	—	—	—
	准入值	2 447	2 625	2 714	—	—	—	—
	先进值	2 366	2 536	2 621	—	—	—	—

三、指标确定依据

几年来,由于行业能源主管部门的取消,各企业能源统计报表交流较少,加之炭素行业生产的特殊性,不完全生产工序企业越来越多,产品外委加工也越来越多,这就给限额标准指标的制定带来极大的难度。同时,标准制定又缺乏现场考察和调研。仅依据以下几方面综合分析制定本标准。

参考依据主要为:

- 中国炭素行业协会的《2006 年 1 月～12 月炭素行业主要指标完成情况汇总表》。
- 部分炭素企业《三大炉窑能量平衡测试报告》。
- 部分炭素企业能耗设备状况调研。
- 国内主要炭素企业 2003 年～2005 年炭素制品综合能耗指标统计报表。

参考有关资料:

- 李圣华编著的《石墨电极生产》(冶金工业出版社 1997 年)。

1. 指标确定的原则

本标准中各项单位产品综合能耗限额限定值是按照国家钢铁产业发展政策要求,依据各企业的能耗现状,为淘汰 20%～30%高能耗设备和工艺而制定。

本标准中各项单位产品综合能耗限额准入值是根据产业政策规定的新建设备、装备规模,按照较好水平确定。

本标准中各项单位产品综合能耗限额先进值是依据目前国内外先进水平及可行性制定。

所有取值都是按目前的环保设施运行水平估算的。考虑到将来环保设施的增加和完备将引起能耗的增加，而目前又缺乏相应的统计数据。将这一因素列为不确定性因素加以分析。

2. 指标确定

在实际测算的基础上结合目前炭素行业企业的实际和国内外炭素技术的发展，确定了石墨电极、炭电极、炭块产品及其主要生产工序的单位产品综合能耗的限额限定值、限额准入值、限额先进值。分别见表4-11～表4-16。

表4-11 石墨电极、炭电极、炭块单位产品综合能耗限额限定值

产品名称		能耗限额限定值/(kgce/t)(电力折算系数0.404)	能耗限额限定值/(kgce/t)(电力折算系数0.122 9)
石墨电极	普通功率石墨电极	4 600	2 680
	高功率石墨电极	5 650	3 590
	超高功率石墨电极	6 600	4 450
炭块	普通炭块	1 400	1 290
	(半)石墨质炭块	1 650	1 480
	微孔炭块	1 850	1 670
炭电极	≤Φ1 000 mm	1 150	1 050
	>Φ1 000 mm	2 050	1 850

表4-12 炭素生产主要工序单位产品能耗限额限定值

工序名称		能耗限额限定值/(kgce/t)(电力折算系数0.404)	能耗限额限定值/(kgce/t)(电力折算系数0.122 9)
焙烧工序	≤Φ500 mm	580	560
	Φ500 mm～Φ1 000 mm	660	640
	>Φ1 000 mm	1 450	1 400
石墨化工序	普通功率石墨电极	2 700	1 300
	高功率石墨电极	2 970	1 430
	超高功率石墨电极	3 100	1 490

表4-13 石墨电极、炭块、炭电极单位产品综合能耗限额准入值

产品名称		能耗限额准入值/(kgce/t)(电力折算系数0.404)	能耗限额准入值/(kgce/t)(电力折算系数0.122 9)
石墨电极	普通功率石墨电极	≤4 150	≤2 460
	高功率石墨电极	≤5 160	≤3 220
	超高功率石墨电极	≤5 990	≤4 030
炭块	普通炭块	≤1 300	≤1 200
	(半)石墨质炭块	≤1 450	≤1 280
	微孔炭块	≤1 650	≤1 460
炭电极	≤Φ1 000 mm	≤1 050	≤900
	>Φ1 000 mm	≤1 820	≤1 620

表 4-14 炭素生产主要工序单位产品能耗限额准入值

工序名称		能耗限额准入值/(kgce/t)(电力折算系数 0.404)	能耗限额准入值/(kgce/t)(电力折算系数 0.122 9)
焙烧工序	≤Φ500 mm	≤480	≤470
	Φ500 mm～Φ1 000 mm	≤550	≤540
	>Φ1 000 mm	≤1 200	≤1 180
石墨化工序	普通功率石墨电极	≤2 460	≤1 230
	高功率石墨电极	≤2 700	≤1 350
	超高功率石墨电极	≤2 830	≤1 420

表 4-15 石墨电极、炭电极、炭块单位产品综合能耗限额先进值

产品名称		能耗限额先进值/(kgce/t)(电力折算系数 0.404)	能耗限额先进值/(kgce/t)(电力折算系数 0.122 9)
石墨电极	普通功率石墨电极	≤3 960	≤2 350
	高功率石墨电极	≤4 860	≤3 080
	超高功率石墨电极	≤5 650	≤3 800
炭块	普通炭块	≤1 200	≤1 050
	(半)石墨质炭块	≤1 300	≤1 130
	微孔炭块	≤1 520	≤1 330
炭电极	≤Φ1 000 mm	≤980	≤800
	>Φ1 000 mm	≤1 670	≤1 470

表 4-16 炭素生产主要工序单位产品能耗限额先进值

工序名称		限额先进值/(kgce/t)(电力折算系数 0.404)	限额先进值/(kgce/t)(电力折算系数 0.122 9)
焙烧工序	≤Φ500 mm	≤440	≤430
	Φ500 mm～Φ1 000 mm	≤510	≤500
	>Φ1 000 mm	≤1 100	≤1 000
石墨化工序	普通功率石墨电极	≤2 400	≤1 220
	高功率石墨电极	≤2 640	≤1 340
	超高功率石墨电极	≤2 760	≤1 410

3. 标准实施后的效果

炭素行业的焙烧和石墨化工序单位产品能耗指标由于没有报表交流，因此无法对标准实施后的效果进行评估，表 4-17 仅给出部分炭素协会会员企业的 2008 年度单位产品综合能耗达标情况分析。

表 4-17　部分炭素企业 2008 年度单位产品综合能耗统计表　　kgce/t

企业名称	普通功率石墨电极单位产品综合能耗	高功率石墨电极单位产品综合能耗	超高功率石墨电极单位产品综合能耗
中钢吉炭	1 795	2 080	2 424
方大炭素	2 308	2 010	1 857
方大抚炭	1 793	2 152	2 439
晋能炭素	1 406	2 805	3 487
山东八三	1 120	989	1 510
河南三力	4 448	4 451	5 392
吉林松江	1 820	1 870	
方大蓉光	1 751	1 848	1 838
湖南银光	1 240	2 762	
黑龙江鑫源	3 260	3 600	

从表 4-17 不难看出：

(1) 10 家炭素企业中普通功率石墨电极单位产品综合能耗没有达到标准规定的单位产品综合能耗限额限定值的有 2 家，占 20%；达到准入值的企业有 8 家，占 80%；达到炭素单位产品能耗限额先进值的有 8 家，占 80%。

(2) 高功率石墨电极单位产品综合能耗没有达到标准规定的单位产品综合能耗限额限定值的有 4 家，占 40%；达到限额准入值的企业有 8 家，占 80%；达到限额先进值的企业有 8 家，占 80%。

(3) 超高功率石墨电极单位产品综合能耗没有达到标准规定的单位产品综合能耗限额限定值的有 1 家；达到限额准入值的企业有 6 家，达到限额先进值的企业有 6 家。

综上所述，就 2008 年参加统计的 10 家炭素企业达到标准规定的炭素单位产品综合能耗限额准入值和限额先进值的企业比较多，分析其原因主要是参加行业交流指标的企业较少(总共只有 38 家企业)，而这 10 家企业基本上都是炭素行业的大、中型企业。因此指标相对先进。

第三节　标准有关条文释义

GB 21370—2008《炭素单位产品能源消耗限额》根据炭素行业不完全工序独立炭素企业大量存在的特殊性制定了主要耗能工序单位产品能耗限额指标，各指标值是综合考虑企业用能设备、产量、产品质量、能耗等因素确定的，基本上代表并反映了目前我国炭素行业的整体能耗水平。

前　　言

本标准的 4.1 和 4.2 是强制性的，其余是推荐性的。

本标准附录 A 为资料性附录，附录 B 为规范性附录。

【释义】

前言明确指出本标准的 4.1 和 4.2 是强制性的，其余是推荐性的。

《节约能源法》第十三条规定：国务院标准化主管部门和国务院有关部门依法组织制定并适时修订有关节能的国家标准、行业标准，建立健全节能标准体系。国务院标准化主管部门会同国务院管理节能工作的部门和国务院有关部门制定强制性的用能产品、设备能源效率标准和生产过程中耗能高的产品的单位产品能耗限额标准。

1 范围

本标准规定了炭素制品及其主要生产工序单位产品能源消耗（以下简称能耗）限额的技术要求、统计范围和计算方法、节能管理与措施。

本标准适用于石墨电极（普通功率石墨电极、高功率石墨电极、超高功率石墨电极）、炭电极和炭块（普通炭块、石墨质炭块、半石墨质炭块、微孔炭块）单位产品能耗及炭素生产主要工序（焙烧和石墨化工序）单位产品能耗的计算、考核，以及对新建设备的能耗控制。

【释义】

本章概括了 GB 21370—2008 的基本内容和适用对象。适用于炭素企业炭素制品（石墨电极、炭电极和炭块）单位产品综合能耗和炭素生产主要工序单位产品能耗的计算、考核以及新建设备的能耗控制。

2 规范性引用文件

下列文件中的条款通过本标准的引用而成为本标准的条款。凡是注日期的引用文件，其随后所有的修改单（不包括勘误的内容）或修订版均不适用于本标准，然而，鼓励根据本标准达成协议的各方研究是否使用这些文件的最新版本。凡是不注日期的引用文件，其最新版本适用于本标准。

GB 17167 用能单位能源计量器具配备和管理通则

【释义】

在规范性引用文件中，应注意引用标准的最新版本和标准属性。

本标准发布时，GB 17167《用能单位能源计量器具配备和管理通则》为 2006 版，本标准规定了用能单位能源计量器具配备和管理的基本要求，为企业完善能源计量设施和能源计量管理提供了依据和指导，有利于进一步提高企业的能源使用与计量管理水平。本标准为强制性标准。

3 术语和定义

下列术语和定义适用于本标准。

3.1

石墨电极单位产品综合能耗 the comprehensive energy consumption per unit product of graphite pole

报告期内，原料经煅烧、破碎、配料、混捏、压型、焙烧、浸渍和石墨化以及机械加工等工序生产出单位合格的石墨电极，扣除生产过程回收的能源量后实际消耗的各种能源折标准煤总量。

【释义】

本章明确了标准正文中的术语和定义只适用于本标准。其他标准是否适用要视具体情况而定。

石墨电极单位产品综合能耗是在报告期内,生产石墨电极所实际消耗的各种能源折标准煤总量与同期内合格石墨电极产量的比值。

3.2

炭电极和炭块单位产品综合能耗　the comprehensive energy consumption per unit product of charcoal pole and carbon block

报告期内,原料经煅烧、破碎、配料、混捏、压型、焙烧、机械加工等工序生产出单位合格的炭电极、炭块,扣除生产过程回收的能源量后实际消耗的各种能源折标准煤总量。

【释义】

炭电极和炭块单位产品综合能耗是在报告期内,生产该产品所实际消耗的各种能源折标准煤总量与同期内该产品合格量的比值。

3.3

焙烧工序单位产品能耗　the energy consumption per unit product of baking procedure

报告期内,焙烧工序生产单位合格焙烧品,扣除工序回收的能源量后实际消耗的各种能源折标准煤总量。

【释义】

焙烧工序单位产品能耗是在报告期内,焙烧工序实际消耗的各种能源折标准煤总量与同期内焙烧工序生产合格焙烧品产量的比值。

3.4

石墨化工序单位产品能耗　the energy consumption per unit product of graphite-making procedure

报告期内,石墨化工序生产单位合格石墨化品,扣除工序回收的能源量后实际消耗的各种能源折标准煤总量。

【释义】

石墨化工序单位产品能耗是在报告期内,石墨化工序实际消耗的各种能源折标准煤总量与同期内石墨化工序生产合格石墨化品产量的比值。

4　技术要求

4.1　现有炭素生产企业单位产品能耗限额限定值

4.1.1　石墨电极、炭电极和炭块单位产品综合能耗限额限定值

现有炭素企业生产的石墨电极、炭电极和炭块单位产品综合能耗限额限定值应符合表1的规定。

表 1　石墨电极、炭电极和炭块单位产品综合能耗限额限定值

产品名称		单位产品综合能耗限额限定值/(kgce/t)		单位产品电耗限额限定值/(kW·h/t)
		电力折标准煤系数取等价值	电力折标准煤系数取当量值	
石墨电极	普通功率石墨电极	≤4 600	≤2 680	≤6 783
	高功率石墨电极	≤5 650	≤3 590	≤7 578
	超高功率石墨电极	≤6 600	≤4 450	≤8 068
炭电极	直径≤1 000 mm	≤1 150	≤1 850	—
	直径>1 000 mm	≤2 050	≤1 050	—
炭块	普通炭块	≤1 400	≤1 290	—
	(半)石墨质炭块	≤1 650	≤1 480	—
	微孔炭块	≤1 850	≤1 670	—

【释义】

本条属于强制性条款，是本标准的核心所在。本条规定了现有炭素制品生产企业单位产品综合能耗指标必须达到的水平，不能达到单位产品综合能耗限额限定值的炭素制品生产线应进行整改或停产。

4.1.2　炭素生产主要工序单位产品能耗限额限定值

对于现有独立的不完全工序的炭素企业，其焙烧工序、石墨化工序单位产品能耗限额限定值应符合表 2 的规定。

表 2　炭素生产中焙烧和石墨化工序单位产品能耗限额限定值

工序名称		单位产品能耗限额限定值/(kgce/t)		单位产品电耗限额限定值/(kW·h/t)
		电力折标准煤系数取等价值	电力折标准煤系数取当量值	
焙烧工序	产品直径≤500 mm	≤580	≤560	—
	500 mm<产品直径≤1 000 mm	≤660	≤640	
	产品直径>1 000 mm	≤1 450	≤1 400	
石墨化工序	普通功率石墨电极	≤2 700	≤1 300	≤5 020
	高功率石墨电极	≤2 970	≤1 430	≤5 520
	超高功率石墨电极	≤3 100	≤1 490	≤5 770

【释义】

由于炭素生产的特殊性，除了具有完全工序炭素企业外，还存在不少只有部分工序的不完全工序的炭素企业，这些企业多是独立的焙烧工序或是石墨化工序。由于单位产品综合能耗是对经过完全工序生产后的产品而设定的，因此对这些不完全工序的炭素企业的能耗的考核不宜用单位产品综合能耗。故而特规定了主要生产工序的单位产品能耗限额指标。

本条规定了现有的焙烧工序或是石墨化工序单位产品能耗指标必须达到的水平，不能达到单位产品能耗限额限定值的工序设备应进行整改或停产。

4.2 新建炭素生产设备单位产品能耗限额准入值

4.2.1 石墨电极、炭电极和炭块单位产品能耗限额准入值

炭素企业在新建或改扩建炭素生产设备及采用炭素生产新工艺时，其石墨电极、炭电极、炭块单位产品能耗限额准入值应符合表3的规定。

表3 石墨电极、炭电极和炭块单位产品能耗限额准入值

产品名称		单位产品综合能耗限额准入值/(kgce/t)		单位产品电耗限额准入值/(kW·h/t)
		电力折标准煤系数取等价值	电力折标准煤系数取当量值	
石黑电极	普通功率石墨电极	≤4 150	≤2 460	≤6 051
	高功率石墨电极	≤5 160	≤3 220	≤6 773
	超高功率石墨电极	≤5 990	≤4 030	≤7 226
炭电极	直径≤1 000 mm	≤1 050	≤900	—
	直径>1 000 mm	≤1 820	≤1 620	—
炭块	普通炭块	≤1 300	≤1 200	—
	(半)石墨质炭块	≤1 450	≤1 280	—
	微孔炭块	≤1 650	≤1 460	—

【释义】

本条属于强制性条款，是本标准的重要内容之一。

炭素企业在新建或改扩建炭素生产设备及采用炭素生产新工艺时，其单位产品综合能耗指标必须达到的水平，高于能耗限额准入值的不予准入。

4.2.2 炭素生产主要工序单位产品能耗限额准入值

对于独立的不完全工序的炭素企业，在新建或改扩建中新增设备以及采用新的工艺时，其焙烧工序和石墨化工序单位产品能耗限额准入值应符合表4的规定。

表4 炭素生产中焙烧和石墨化工序单位产品能耗限额准入值

工序名称		单位产品能耗限额准入值/(kgce/t)		单位产品电耗限额准入值/(kW·h/t)
		电力折标准煤系数取等价值	电力折标准煤系数取当量值	
焙烧工序	产品直径≤500 mm	≤480	≤470	—
	500 mm<产品直径≤1 000 mm	≤550	≤540	
	产品直径>1 000 mm	≤1 200	≤1 180	
石墨化工序	普通功率石墨电极	≤2 460	≤1 230	≤4 420
	高功率石墨电极	≤2 700	≤1 350	≤4 860
	超高功率石墨电极	≤2 830	≤1 420	≤5 080

【释义】

本条属于强制性条款，是本标准的重要内容之一。

本条规定了新建焙烧工序设备和石墨化设备或改扩建现有的焙烧工序设备和石墨化设备时，其单位产品能耗指标必须达到的水平，高于能耗限额准入值的不予准入。

4.3 炭素企业单位产品能耗限额先进值

4.3.1 石墨电极、炭电极和炭块单位产品能耗限额先进值

炭素企业在生产过程中，应积极推进节能技术改造，加强科学管理，尽快使石墨电极、炭电极、炭块单位产品综合能耗达到表5规定的单位产品能耗限额先进值。

表5 石墨电极、炭电极和炭块单位产品综合能耗限额先进值

产品名称		单位产品能耗限额先进值/(kgce/t)		单位产品电耗限额先进值/(kW·h/t)
		电力折标准煤系数取等价值	电力折标准煤系数取当量值	
石墨电极	普通功率石墨电极	≤3 960	≤2 350	≤5 807
	高功率石墨电极	≤4 860	≤3 080	≤6 505
	超高功率石墨电极	≤5 650	≤3 800	≤6 946
炭电极	直径≤1 000 mm	≤980	≤800	—
	直径>1 000 mm	≤1 670	≤1 470	—
炭块	普通炭块	≤1 200	≤1 050	—
	(半)石墨质炭块	≤1 300	≤1 130	—
	微孔炭块	≤1 520	≤1 330	—

【释义】

本条是推荐性条款。

本条说明了炭素制品生产企业单位产品综合能耗限额先进值，是目前国内外炭素制品企业能耗指标的先进水平，是炭素生产企业能耗水平努力的目标。

4.3.2 炭素生产主要工序单位产品能耗限额先进值

对于独立的不完全工序的炭素企业，在未来的发展过程中，应积极推进技术改造、强化管理，使其焙烧、石墨化工序单位产品能耗达到表6的单位产品能耗限额先进值。

表6 炭素生产中焙烧和石墨化工序单位产品能耗限额先进值

工序名称		单位产品能耗限额先进值/(kgce/t)		单位产品电耗限额先进值/(kW·h/t)
		电力折标准煤系数取等价值	电力折标准煤系数取当量值	
焙烧工序	产品直径≤500 mm	≤440	≤430	—
	500 mm<产品直径≤1 000 mm	≤510	≤500	
	产品直径>1 000 mm	≤1 100	≤1 000	
石墨化工序	普通功率石墨电极	≤2 400	≤1 220	≤4 220
	高功率石墨电极	≤2 640	≤1 340	≤4 640
	超高功率石墨电极	≤2 760	≤1 410	≤4 850

【释义】

本条是推荐性条款。

本条说明了焙烧工序和石墨化工序单位产品能耗限额先进值，是目前国内外焙烧工序和石墨化工序单位产品能耗指标的先进水平，是炭素生产企业能耗水平努力的目标。

5 计算方法

5.1 能耗统计范围及能耗折标准煤系数取值原则

5.1.1 统计范围

5.1.1.1 石墨电极（普通功率石墨电极、高功率石墨电极、超高功率石墨电极）单位产品综合能耗包括煅烧、破碎、配料、混捏、压型、焙烧、浸渍、石墨化、机械加工等各工序生产系统、辅助生产系统和生产管理、调度指挥以及附属生产系统消耗的各种能源量，扣除生产过程中回收的能源量。不包括用于生活目的所消耗的能源量。

其中焙烧和浸渍工序能源消耗为：

a） 普通功率石墨电极能耗是按电极本体“一次焙烧”加接头“一次浸渍二次焙烧”的总能耗；

b） 高功率石墨电极能耗是按电极本体“一次浸渍二次焙烧”加接头“二次浸渍三次焙烧”的总能耗；

c） 超高功率石墨电极能耗是按电极本体“二次浸渍三次焙烧”加接头“三次浸渍四次焙烧”的总能耗。

【释义】

本条规定了石墨电极单位产品综合能耗计算的范围。

5.1.1.2 炭电极、炭块单位产品综合能耗包括煅烧、破碎、配料、混捏、压型、焙烧和机械加工等各工序生产系统、辅助生产系统以及生产管理、调度指挥系统消耗的各种能源量，扣除生产过程中回收的能源量。不包括用于生活目的所消耗的能源量。

【释义】

本条规定了炭电极和炭块单位产品综合能耗计算的范围。

5.1.1.3 焙烧工序单位产品能耗包括从压型品进入该工序开始到焙烧合格品产出为止的生产全过程所消耗的全部能源总量，扣除该工序回收的能源量。不包括用于生活目的的能源量。

【释义】

本条规定了焙烧工序单位产品能耗计算的范围。

5.1.1.4 石墨化工序单位产品能耗包括从焙烧品进入该工序开始到石墨化合格品产出为止的生产全过程所消耗的全部能源总量，扣除该工序回收的能源量。不包括用于生活目的的能源量。

上述制品及其各工序单位产品综合能耗均不含原料消耗。

【释义】

本条规定了石墨化工序单位产品能耗计算的范围，并强调本标准所制定的各限额指标中均不含原料消耗。由于炭素生产的特殊性，其原料本身即是能源，但在炭素制品生产中并不是利用其能源功能，因此依据《中国炭素行业协会三届七次会议——常务理事(扩大)会议》纪要的规定，能源消耗不包括石焦油、沥青焦和沥清等原料消耗。

5.1.2 能源折标准煤系数取值原则

各种能源的热值以标准煤计。各种能源等价热值以企业在报告期内实测的热值为准。没有实测条件的，采用附录A中各种能源折标准煤参考系数。

【释义】

本条说明了炭素企业各种能源换算为标准煤的折算系数的确定方法。企业确定能源折标准煤系数按下列顺序确定：

(1) 由实测计算确定，实际测定燃料的低位发热量；

(2) 如不具备实测条件，可用发货单位的发热量计算，并转换为标准煤；

(3) 取规定的各种能源折算系数(见本标准的附录A)。

鼓励企业按实测值确定能源折标准煤系数。

5.2 石墨电极、炭电极和炭块单位产品综合能耗的计算

石墨电极、炭电极和炭块等炭素制品的单位产品综合能耗按式(1)计算，能耗分配系数按附录B取值：

$$E_{\mathrm{TS},j}=\frac{e_{\mathrm{ts},j}}{P_{\mathrm{TS},j}}=e_{jm}+\sum_{k=1}^{m-1}e_{jk} \qquad \cdots\cdots(1)$$

$$e_{jm}=\sum_{i=1}^{n}\frac{e_{im}\mu_{im}}{\sum\limits_{i=1}^{k}P_{im}\lambda_{im}}\lambda_{jm} \qquad \cdots\cdots(2)$$

$$e_{jk}=\frac{\sum\limits_{i=1}^{n}\frac{e_{ik}\mu_{ik}}{\sum\limits_{i=1}^{k}P_{ik}\lambda_{ik}}\lambda_{jk}}{\eta_m\cdots\eta_{k+i}\cdots\eta_{k+1}}(k<m) \qquad \cdots\cdots(3)$$

式中：

$E_{\mathrm{TS},j}$——第j种炭素制品($j=1\sim3$，分别指石墨电极、炭电极或炭块三种炭素制品，下同)单位产品综合能耗，单位为千克标准煤每吨(kgce/t)；

$e_{\mathrm{ts},j}$——第j种炭素制品生产过程消耗的所有能源总量，单位为千克标准煤(kgce)；

$P_{\mathrm{TS},j}$——第j种炭素制品合格产量，单位为吨(t)；

e_{jm}——炭素制品加工过程中第m道工序(加工工序)第j种制品的加工能源单耗，单位为千克标准煤每吨(kgce/t)；

e_{im}——炭素制品加工过程中第m道工序(加工工序)第i种能源实物量消耗，单位为吨(t)或千瓦时(kW·h)或立方米(m^3)；

e_{jk}——炭素制品加工过程中第 k 道工序(加工工序之前的某工序)第 j 种制品的加工能源单耗,单位为千克标准煤每吨(kgce/t);

μ_{im}——炭素制品加工过程中第 m 道工序(加工工序)第 i 种能源折标准煤系数,单位为吨标准煤每千瓦时[tce/(kW·h)]或吨标准煤每吨(tce/t)或吨标准煤每立方米(tce/m^3);

P_{im}——炭素制品加工过程中第 m 道工序(加工工序)第 i 种炭素制品产量,单位为吨(t);

λ_{im}——炭素制品加工过程中第 m 道工序(加工工序)第 i 种炭素制品在第 m 道工序的能耗分配系数;

λ_{jm}——第 j 种炭素制品在第 m 道工序的能耗分配系数;

e_{ik}——炭素制品加工过程中第 k 道工序(加工工序之前的某工序)第 i 种能源实物量消耗,单位为吨(t)或千瓦时(kW·h)或立方米(m^3);

μ_{ik}——炭素制品加工过程中第 k 道工序(加工工序之前的某工序)第 i 种能源折标准煤系数,单位为吨标准煤每千瓦时[tce/(kW·h)]或吨标准煤每吨(tce/t)或吨标准煤每立方米(tce/m^3);

P_{ik}——炭素制品加工过程中第 k 道工序(加工工序之前的某工序)第 i 种炭素制品产量,单位为吨(t);

λ_{ik}——炭素制品加工过程中第 k 道工序(加工工序之前的某工序)第 i 种炭素制品在第 k 道工序的能耗分配系数;

λ_{jk}——第 j 种炭素制品在第 k 道工序的能耗分配系数;

η_m——炭素制品加工过程中第 m 道工序(加工工序)的成品率(加工成品率);

η_{k+1}——炭素制品加工过程中第 $k+1$ 道工序(加工工序之前的某工序)的成品率。

【释义】

本条规定了炭素制品单位产品综合能耗计算方法。

本条规定的炭素制品单位产品综合能耗计算方法与原炭素行业、企业炭素制品单位产品综合能耗计算原理相同,只是将原有的文字表达的公式数学公式化。

5.3 焙烧工序、石墨化工序单位产品能耗计算

焙烧工序、石墨化工序单位产品能耗按式(4)计算,能耗分配系数按附录B取值:

$$E_{GX,k}=\sum_{i=1}^{n}\frac{e_{ik}\mu_{ik}}{\sum_{i=1}^{n}P_{ik}\lambda_{ik}}\lambda_{jk} \quad\cdots\cdots(4)$$

式中:

$E_{GX,k}$——炭素制品加工过程中第 k 道工序(焙烧工序、石墨化工序)单位产品能耗,单位为千克标准煤每吨(kgce/t);

e_{ik}——炭素制品加工过程中第 k 道工序(加工工序之前的某工序)第 i 种能源实物量消耗,单位为吨(t)或千瓦时(kW·h)或立方米(m^3);

μ_{ik}——炭素制品加工过程中第 k 道工序(加工工序之前的某工序)第 i 种能源折标准煤系数,单位为吨标准煤每千瓦时[tce/(kW·h)]或吨标准煤每吨(tce/t)或吨标准煤每立方米(tce/m^3);

P_{ik}——炭素制品加工过程中第 k 道工序(加工工序之前的某工序)第 i 种炭素制品产量,单位为吨(t);

λ_{ik}——炭素制品加工过程中第 k 道工序(加工工序之前的某工序)第 i 种炭素制品在第 k 道工序的能耗分配系数;

λ_{jk}——第 j 种炭素制品在第 k 道工序的能耗分配系数。

【释义】

本条规定了炭素制品生产焙烧工序和石墨化工序单位产品能耗计算方法。

本条规定的焙烧工序和石墨化工序单位产品能耗与原炭素行业、企业炭素焙烧工序和石墨化工序单位产品能耗的计算原理相同,只是将原有的文字表达的公式数学公式化。

6 节能管理

6.1 企业应根据 GB 17167 的要求配置能源计量器具,完善能源计量管理制度。

【释义】

企业应根据 GB 17167 的要求配备一定数量的准确度等级符合要求的能源计量器具。建立能源计量管理体系,形成文件,并保持和持续改进其有效性。

6.2 企业应按要求建立健全能耗统计分析、考核体系,建立能耗计算和考核结果的文件档案,并对其进行受控管理。

【释义】

能耗统计分析、考核体系是企业能源管理的基础。通过对能耗指标核算和分析,实现节约能源,降低能源成本,各企业应按要求建立健全能源统计原始记录和能源统计台账,建立并管理好能耗计算和统计结果的文件档案。

6.3 企业应将炭素制品的单位产品综合能耗指标落实到基层,建立用能、节能责任制。

【释义】

根据炭素制品能耗限额指标和生产实际情况,建立科学合理的节能评价考核制度,将节能指标分解落实到炭素制品生产的各工序,各基层单位。建立全员、全工序、全生产过程的用能,节能责任制。组织开展节能专项检查,定期进行考核。

6.4 企业应积极依靠技术进步,配置先进的节能设备和节能新工艺。最大限度地提高炭素企业三大炉窑(煅烧炉、焙烧炉、石墨化炉)的热效率,减少能源损失,降低企业能源成本。

【释义】

技术进步是企业减少能耗损失、降低企业能源成本的科学依据。而先进的节能设备和节能新工艺则是节能降耗的保障。

附　录　A

（资料性附录）

各种能源折标准煤参考系数表

能源名称	平均低位发热值	折标准煤系数
原煤	20 908 kJ/kg	0.714 3 kgce/kg
无烟煤(湿)	25 090 kJ/kg	0.857 1 kgce/kg
动力煤(湿)	20 908 kJ/kg	0.714 3 kgce/kg
焦炭(灰分 13.5%)	28 435 kJ/kg	0.971 4 kgce/kg
汽油	43 070 kJ/kg	1.471 4 kgce/kg
煤油	43 070 kJ/kg	1.471 4 kgce/kg
柴油	42 652 kJ/kg	1.457 1 kgce/kg
天然气	38 931 kJ/m^3	1.330 0 kgce/m^3
电力(等价)	—	0.404 0 kgce/(kW·h)
电力(当量)	3 600 kJ/(kW·h)	0.122 9 kgce/(kW·h)

注 1:焦炭的灰分、水分每增减 1%,则热值减增约 334 kJ/kg。

注 2:无烟煤、动力煤热值波动范围较大,推荐值为大体平均值。

【释义】

附录 A 给出了各种能源折标准煤参考系数。

第四节　实施标准的有关措施

炭素单位产品能源消耗限额标准是炭素行业各企业生产管理、科技管理、新建、改建、扩建项目管理、成本管理及经营管理的重要内容之一。各企业主管部门要给予足够的重视,制定严密的科学管理办法。

一、管理措施

1. 加强计量管理,确保能源计量完备性和能源数据的可靠性

统计是能耗限额顺利实施的基础,炭素行业由于产业集中度低、企业数量多,规模小,能源消耗情况的统计基础薄弱,而行业协会仅对会员企业进行数据统计,总共只有 38 家企业。而 38 家企业中又只有 10 家企业报出了单位产品综合能耗指标,其他企业报表中都没有报此指标。行业企业间未能能源数据交流机制,能源数据统计未得到相应的重视。

目前如何加强和完善，建议有关部门考虑建立炭素行业上报和核查能源统计报表数据制度。

同时，企业的能源计量工作应该逐步要求，尽快完善。

2. 加强炭素行业的能源统计培训及标准宣贯培训

由于能源统计基础薄弱，一些企业对于炭素单位产品综合能耗的限定值较难理解，而且实际生产的综合能耗计算与统计更显得难于掌握。为此，建议有关部门、协会应加强炭素行业的能源统计培训、进行标准宣讲及综合能源消耗计算培训，推进企业节能减排工作的深入开展。

二、技术措施

企业要认真学习、贯彻落实并实施炭素单位产品能源消耗限额标准，积极采用先进的节能设备及节能新工艺改造、淘汰落后的高耗能设备和工艺，并应将此项工作列入企业生产经营长远工作规划之中。

1. 企业在新建、改建、扩建生产设备及生产能力的同时，必须积极选用先进的节能型设备

炭素行业设备节能的重点是三大工业炉窑即：煅烧炉，焙烧炉和石墨化炉。在炭素生产过程中，如何降低这三大炉窑的热损失，提高三大炉窑的热效率则是炭素行业节能关键所在。

（1）煅烧炉

要逐步淘汰现有的交流煅烧炉，逐步改造、淘汰中小型高能耗回转窑。罐式煅烧炉及回转窑在生产过程中要充分利用外加燃料煅烧时产生的挥发分可燃物，逐步实现无燃料煅烧。要充分回收煅烧炉的余热，采用安装余热锅炉和换热室的方式逐步提高余热利用率。

（2）焙烧炉

要逐步淘汰高能耗的倒烟窑。采用大容量节能型环式焙烧炉或车底式焙烧炉。在新建或大修焙烧炉时要采用导热系数低、热容量小的新型保温材料以最大限度的减少焙烧炉蓄热损失和散热损失。要充分回收利用焙烧炉的烟气余热，逐步提高焙烧炉余热利用率。

（3）石墨化炉

要淘汰交流石墨化炉及小型直流石墨化炉。采用大型直流石墨化炉和内热串接石墨化炉。推广使用恒功率供电设备以提高石墨化炉供电后期功率，达到提高供电设备利用率及电效率的目的。

2. 依靠科技进步改进、淘汰落后的生产工艺，采用节能新工艺，最大限度的降低单位产品综合能耗

（1）提高产品质量、减少各工序废品、提高工序产品合格率。

（2）制定合理的焙烧和石墨化工序升温曲线。在确保产品质量的前提下，提高产品加热速度，减少高温热损失。

（3）大规格石墨化产品要采用内热串接石墨化工艺。

（4）采用短生产工艺流程生产高功率石墨电极和超高功率石墨电极。炭素企业在加工生产高功率、超高功率石墨电极时一般采用多浸多烧方式。目前，中国炭素企业生产高功率石墨电极本体需要浸渍一次和焙烧二次，高功率石墨电极接头则需要浸渍二次、焙烧三次。生产超高功率石墨电极本体需要浸渍二次和焙烧三次，超高功率石墨电极接头则需要浸渍三次和焙烧四次。这种生产工艺不仅周期长，浪费设备能力，同时，也造成能源极大地浪费。各企业要积极借鉴国外、国内先进经验，通过调整产品配方、改进粘结剂、采用优质浸渍剂以及改进设备等办法千方百计缩短生产工艺流程。

第五节　炭素单位产品能源消耗限额计算参考示例

炭素单位产品能源消耗限额计算以普通功率石墨电极单位产品综合能耗计算为例，以供参考。

一、普通功率石墨电极工艺流程

(1) 普通功率石墨电极本体生产工艺流程：压型工序(原料—煅烧—破碎—配料—混捏—成型)—焙烧—石墨化—加工。

(2) 普通功率石墨电极接头生产工艺流程：压型工序(原料—煅烧—破碎—配料—混捏—成型)——次焙烧——次浸渍—二次焙烧—石墨化—加工。

二、计算的已知条件

已知条件：报告期内各种能源消耗(按照 GB 21370—2008《炭素单位产品能源消耗限额》第 5 章规定的能耗统计范围及能耗折标准煤系数取值原则进行统计与取值，计算的已知条件分别见表 4-18 和表 4-19)。

表 4-18　普通功率石墨电极本体生产工艺流程各工序炭素制品产量

工序名称	品　种	进入工序产品产量/t	成品率/%	工序合格品产量/t	能源分配系数
压型工序(k=1)	普通功率石墨电极	2 000	80	1 600	1
	高功率石墨电极	2 000	80	1 600	1
	超高功率石墨电极	2 000	80	1 600	1
焙烧工序(k=2)	普通石墨电极	1 600	87	1 392	1
	高功率石墨电极	1 600	87	1 392	1
	超高功率石墨电极	1 600	87	1 392	1
石墨化工序(k=3)	普通石墨电极	1 392	96	1 336.32	1
	高功率石墨电极	1 415.66	96	1 359.03	1
	超高功率石墨电极	1 432.65	96	1 375.34	1
加工工序(k=4)	普通石墨电极	1 336.32	81	1 082.42	1
	高功率石墨电极	1 359.03	81	1 100.81	1
	超高功率石墨电极	1 375.34	81	1 114.03	1

表 4-19　普通功率石墨电极本体生产工艺流程各工序能源消耗量

工序名称	电/(kW·h)	水/t	蒸汽/t	空气/km³	煤气/km³	冶金焦粒/t	冶金焦粉/t
压型工序($k=1$)	1 440 000	144 000	1 920	960	2 251.2		
焙烧工序($k=2$)	417 600	33 408	208.8	626.4	9 792.72		375.84
石墨化工序($k=3$)	19 318 560	160 320		2 004		801.6	1 803.6
加工工序($k=4$)	324 600	3 246		973.8			
能耗折标准系数	0.404 kgce/(kW·h)	0.257 kgce/t	94.22 kgce/t	40 kgce/km³	178.6 kgce/km³	971.4 kgce/t	971.4 kgce/t

三、计算过程

(1) 普通功率石墨电极压型工序单位产品能耗计算

根据公式：

$$E_{GX,k} = \sum_{i=1}^{n} \frac{e_{ik}\mu_{ik}}{\sum_{i=1}^{n} P_{ik}\lambda_{ik}} \lambda_{jk}$$

其中，压型工序为普通功率石墨电极生产流程中的第一道工序，共有五种能源介质，因此 e_{ik} 中，$i=1\sim5$，$k=1$，即为 e_{11}（电），e_{21}（水），e_{31}（蒸汽），e_{41}（空气）和 e_{51}（煤气），同理 μ_{ik} 为 $\mu_{11}\sim\mu_{51}$，分别为相应的能源介质的折标准煤系数。

$$\begin{aligned}\sum_{i=1}^{n} e_{ik}\mu_{ik} &= \sum_{i=1}^{5} e_{i1}\mu_{i1} = e_{11}\times\mu_{11} + e_{21}\times\mu_{21} + e_{31}\times\mu_{31} + e_{41}\times\mu_{41} + e_{51}\times\mu_{51}\\ &= (1\,440\,000\times0.404 + 144\,000\times0.257 + 1\,920\times94.22 + 960\times40 + 2\,251.2\times178.6)\text{kgce}\\ &= 1\,240\,134.72\ \text{kgce}\end{aligned}$$

工序中共有三种产品，即普通功率石墨电极、高功率石墨电极和超高功率石墨电极，因此 $\sum_{i=1}^{n} P_{ik}\lambda_{ik}$ 中，$i=3$，$k=1$，则工序合格品产量即为

$$\begin{aligned}\sum_{i=1}^{3} P_{i1}\lambda_{i1} &= P_{11}\times\lambda_{11} + P_{21}\times\lambda_{21} + P_{31}\times\lambda_{31}\\ &= (1\,600\times1 + 1\,600\times1 + 1\,600\times1)\text{t}\\ &= 4\,800\ \text{t}\end{aligned}$$

由此，

$$E_{GX,1} = E_{GX,k} = \sum_{i=1}^{n} \frac{e_{ik}\mu_{ik}}{\sum_{i=1}^{n} P_{ik}\lambda_{ik}} \lambda_{jk} = \frac{\sum_{i=1}^{5} e_{i1}\mu_{i1}}{\sum_{i=1}^{3} P_{i1}\lambda_{i1}} \lambda_{j1} = \frac{1\,240\,134.72\ \text{kgce}}{4\,800\ \text{t}} \times 1 = 258.36\ \text{kgce/t}$$

同理求得普通功率石墨电极其他工序单位产品能耗：

普通功率石墨电极焙烧工序单位产品能耗 $E_{GX,2}=\frac{\sum_{i=1}^{n}e_{i2}\mu_{i2}}{\sum_{i=1}^{3}P_{i2}\lambda_{i2}}\lambda_{j2}=559.41\ \text{kgce/t}$；

普通功率石墨电极石墨化工序单位产品能耗 $E_{GX,3}=\frac{\sum_{i=1}^{n}e_{i7}\mu_{i7}}{\sum_{i=1}^{3}P_{i7}\lambda_{i7}}\lambda_{j7}=2\ 568.79\ \text{kgce/t}$；

普通功率石墨电极加工工序单位产品能耗 $E_{GX,4}=\frac{\sum_{i=1}^{n}e_{i8}\mu_{i8}}{\sum_{i=1}^{3}P_{i8}\lambda_{i8}}\lambda_{j8}=51.84\ \text{kgce/t}$。

(2) 普通功率石墨电极本体单位产品综合能耗计算

普通功率石墨电极本体 $\sum_{k=1}^{m-1}e_{jk}$ 中 m 对应的加工工序为第 4 道工序，即 $m=4, m-1=3$，分别是压型、焙烧和石墨化工序，则：

e_{jm} 即为 e_{j4} 对应的是加工单位产品综合能耗，$e_{jm}=\sum_{i=1}^{n}\frac{e_{im}\mu_{im}}{\sum_{i=1}^{k}P_{im}\lambda_{im}}\lambda_{jm}=e_{j4}=E_{GX,4}$

$$=51.84\ \text{kgce/t}$$

e_{j3} 对应的是石墨化工序单位产品综合能耗，$e_{j3}=e_{jk}=\frac{\sum_{i=1}^{n}\frac{e_{ik}\mu_{ik}}{\sum_{i=1}^{k}P_{ik}\lambda_{ik}}\lambda_{jk}}{\eta_m\cdots\eta_{k+i}\cdots\eta_{k+1}}$

$$=\frac{E_{GX,3}}{\eta_4}=\frac{2\ 568.79}{0.81}\text{kgce/t}$$

$$=3\ 171.35\ \text{kgce/t}$$

e_{j2} 对应的是焙烧工序单位产品综合能耗，$e_{j2}=e_{jk}=\frac{\sum_{i=1}^{n}\frac{e_{ik}\mu_{ik}}{\sum_{i=1}^{k}P_{ik}\lambda_{ik}}\lambda_{jk}}{\eta_m\cdots\eta_{k+i}\cdots\eta_{k+1}}$

$$=\frac{E_{GX,2}}{\eta_4\eta_3}=\frac{559.41}{0.96\times0.81}\text{kgce/t}$$

$$=719.41\ \text{kgce/t}$$

e_{j1} 对应的是压型工序单位产品综合能耗，$e_{j1}=e_{jk}=\frac{\sum_{i=1}^{n}\frac{e_{ik}\mu_{ik}}{\sum_{i=1}^{k}P_{ik}\lambda_{ik}}\lambda_{jk}}{\eta_m\cdots\eta_{k+i}\cdots\eta_{k+1}}$

$$=\frac{E_{GX,1}}{\eta_4\eta_3\eta_2}=\frac{258.36}{0.87\times0.96\times0.81}\text{kgce/t}$$

$$=381.90\ \text{kgce/t}$$

$$E_{TS-本体} = \frac{e_{ts-本体}}{P_{TS-本体}} = e_{jm} + \sum_{k=1}^{m-1} e_{jk} = e_{j4} + \sum_{k=1}^{7} e_{jk}$$

$$= (51.84 + 381.90 + 719.40 + 3\,171.35)\text{kgce/t} = 4\,324.49\ \text{kgce/t}$$

(3) 普通功率石墨电极接头单位产品综合能耗计算

同理可计算普通功率石墨电极接头的单位产品综合能耗，其生产流程加入一次浸渍二次焙烧两道工序，因此要经过 6 道工序最终完成，其中加工工序为第 6 道工序，即 $\sum_{k=1}^{m-1} e_{jk}$ 中 m 对应的加工工序为第 6 道工序，$m=6$，$m-1=5$，取相应的成品率计算得出：

$$E_{TS-接头} = \frac{e_{ts-接头}}{P_{TS-接头}} = e_{jm} + \sum_{k=1}^{m-1} e_{jk} = e_{j6} + \sum_{k=1}^{5} e_{jk} = 6\,955\ \text{kgce/t}$$

(4) 普通功率石墨电极单位产品综合能耗计算：

普通功率石墨电极本体产量与普通功率石墨电极接头产量占普通功率石墨电极产量比例：本体比例为 $v_1=92\%$、接头比例为 $v_2=8\%$。

$$\begin{aligned} E_{TS-超高功率电极} &= E_{TS-本体}v_1 + E_{TS-接头}v_2 \\ &= (4\,324.49 \times 0.92 + 6\,955 \times 0.08)\text{kgce/t} \\ &= (3\,978.53 + 556.40)\text{kgce/t} \\ &= 4\,534.53\ \text{kgce/t} \end{aligned}$$

式中：

v_1——普通功率石墨电极本体的比例，%；

v_2——普通功率石墨电极接头的比例，%。

主要参考文献

[1] 陈国强.我国炭素行业生产经营情况和经济运行趋势[C].中国金属学会炭素材料分会第二十三次学术交流会,2009.

[2] 李圣华.石墨电极生产.北京:冶金工业出版社,1997.

[3] 中国炭素行业协会.2008 年 1-12 月炭素行业主要指标完成情况汇总表[R].中国炭素行业协会,2008.

附录

钢铁产业调整和振兴规划

（国务院办公厅发布）

钢铁产业是国民经济的重要支柱产业，涉及面广、产业关联度高、消费拉动大，在经济建设、社会发展、财政税收、国防建设以及稳定就业等方面发挥着重要作用。

为应对国际金融危机的影响，落实党中央、国务院保增长、扩内需、调结构的总体要求，确保钢铁产业平稳运行，加快结构调整，推动产业升级，特编制本规划，作为钢铁产业综合性应对措施的行动方案。规划期为 2009 年～2011 年。

一、钢铁产业现状及面临的形势

我国是钢铁生产和消费大国，粗钢产量连续 13 年居世界第一。进入 21 世纪以来，我国钢铁产业快速发展，粗钢产量年均增长 21.1%。2008 年，粗钢产量达到 5 亿吨，占全球产量的 38%，国内粗钢表观消费量 4.53 亿吨，直接出口折合粗钢 6 000 万吨，占世界钢铁贸易量的 15%。2007 年，规模以上钢铁企业完成工业增加值 9 936 亿元，占全国 GDP 的 4%，实现利润 2 436 亿元，占工业企业利润总额的 9%，直接从事钢铁生产的就业人数 358 万。钢铁产品基本满足国内需要，部分关键品种达到国际先进水平。钢铁产业有力支撑和带动了相关产业的发展，促进了社会就业，对保障国民经济又好又快发展做出了重要贡献。

但是，钢铁产业长期粗放发展积累的矛盾日益突出。一是盲目投资严重，产能总量过剩。截至 2008 年底，我国粗钢产能达到 6.6 亿吨，超出实际需求约 1 亿吨。二是创新能力不强，先进生产技术、高端产品研发和应用还主要依靠引进和模仿，一些高档关键品种钢材仍需大量进口，消费结构处于中低档水平。三是产业布局不合理，大部分钢铁企业分布在内陆地区的大中型城市，受到环境容量、水资源、运输条件、能源供应等因素的严重制约。四是产业集中度低，粗钢生产企业平均规模不足 100 万吨，排名前 5 位的企业钢产量仅占全国总量的 28.5%。五是资源控制力弱，国内铁矿资源禀赋低，自给率不足 50%。六是流通秩序混乱。钢铁产品经销商超过 15 万家，投机经营倾向较重。

2008 年下半年以来，随着国际金融危机的扩散和蔓延，我国钢铁产业受到严重冲击，出现了产需陡势下滑、价格急剧下跌、企业经营困难、全行业亏损的局面，钢铁产业稳定发展面临着前所未有的挑战。应当看到，钢铁产业在经历了长期粗放型扩张后，必然要进行一次大的调整。现阶段，我国城镇化、工业化任务依然繁重，内需潜力巨大，钢铁产业发展的基本面没有改变。必须抓住机遇，制定实施钢铁产业结构调整和振兴规划，促进钢铁产业平稳运行、健康发展。

二、指导思想、基本原则及目标

（一）指导思想

全面贯彻党的十七大精神，以邓小平理论和“三个代表”重要思想为指导，深入贯彻落实科学发展观，按照保增长、扩内需、调结构的总体要求，统筹国内外两个市场，以控制总量、淘汰落后、企业重组、技术改造、优化布局为重点，着力推动钢铁产业结构调整和优化升级，切实增强企业素质和国际竞争力，加快钢铁产业由大到强的转变。

（二）基本原则

1. 应对危机与振兴产业相结合。立足当前，着眼长远，既要着力解决钢铁产业当前面临的主要困难，保先进生产力，保重点骨干企业，保关键品种，保市场稳定，促进产业平稳发展，又要利用市场倒逼机制，充分利用各种有利因素，加快钢铁产业结构优化升级，不断增强产业发展后劲。

2. 控制总量与优化布局相结合。按照沿海、沿江、内陆科学合理布局和与资源环境相适应的要求，结合淘汰落后、企业重组和城市钢厂搬迁，在控制总量的前提下，调整优化产业布局。

3. 自主创新与技术改造相结合。培育企业原始创新、集成创新和引进消化吸收再创新能力，着力突破制约产业转型升级的关键技术，加大技术改造力度，提高工艺装备水平，提升产品档次和质量。

4. 企业重组与体制创新相结合。通过体制创新，努力消除影响企业重组的财税利益分配、资产划拨、债务核定和处置等体制性障碍，为推动钢铁企业集团化发展和实现跨地区、跨所有制、跨行业的兼并重组创造良好的环境。

5. 内需为主与全球配置相结合。坚持充分利用两个市场、两种资源，以满足国内市场需求为主，优化直接出口，扩大间接出口，在努力加强地质勘查和合理开发利用国内铁矿资源的同时，抓住机遇，积极实施“走出去”战略。

（三）规划目标

力争在2009年遏制钢铁产业下滑势头，保持总体稳定。到2011年，钢铁产业粗放发展方式得到明显转变，技术水平、创新能力再上新台阶，综合竞争力显著提高，支柱产业地位得到巩固和加强，步入良性发展的轨道。

1. 总量恢复到合理水平。2009年我国粗钢产量4.6亿吨，同比下降8%；表观消费量维持在4.3亿吨左右，同比下降5%。到2011年，粗钢产量5亿吨左右，表观消费量4.5亿吨左右，工业增加值占GDP的比重维持在4%的水平。

2. 淘汰落后产能有新突破。按期淘汰300立方米及以下高炉产能和20吨及以下转炉、电炉产能。提高淘汰落后产能的标准，力争三年内再淘汰落后炼铁能力7 200万吨、炼钢能力2 500万吨。

3. 联合重组取得重大进展。形成若干个具有较强自主创新能力和国际竞争力的特大型企业，国内排名前5位钢铁企业的产能占全国产能的比例达到45%以上，沿海沿江钢铁企业产能占全国产能的比例达到40%以上，产业布局明显优化，重点中心城市钢铁企业污染明显减少。

4. 技术进步得到较大提升。加强技术改造，加快技术进步，降低生产成本，提高产品质量，优化品种结构。重点大中型钢铁企业60%以上产品实物质量达到国际先进水平，百万千瓦火电及核电用特厚钢板和高压锅炉管、25万千伏安以上变压器用高磁感低铁损取向硅钢等产品生产实现自主化，关键钢材品种自给率达到90%以上，400 MPa及以上热轧带肋钢筋使用比例达到60%以上。

5. 自主创新能力进一步增强。通过引进消化吸收和创新，提高技术装备水平，一般装备基本实现本地化、自主化，大型装备本地化率92%以上。力争在关键工艺技术、节能减排技术，以及高端产品研发、生产和应用技术等方面取得新突破。

6. 节能减排取得明显成效。重点大中型企业吨钢综合能耗不超过620千克标准煤，吨钢耗用新水量低于5吨，吨钢烟粉尘排放量低于1.0千克，吨钢二氧化碳排放量低于1.8千克，二次能源基本实现100%回收利用，冶金渣近100%综合利用，污染物排放浓度和排放总量双达标。

三、产业调整和振兴的重点任务

按照上述指导思想、基本原则和规划目标，当前和今后一个时期，要着力做好以下八个方面工作。

（一）保持国内市场稳定，改善出口环境

积极落实国家扩大内需措施，稳定建筑用钢市场，保障重点工程用钢。通过调整和振兴相关产业，努力稳定和扩大汽车、造船、装备制造等产业需求，以及保障性住房等房地产建设、新农村建设、地震灾后重建和公路、铁路、机场等重大基础设施建设的用钢需求。建筑用钢占国内消费量的比重稳定在50%左右。

改善钢铁产品进出口环境，实施适度灵活的出口税收政策，稳定国际市场份额，鼓励钢材间接出口。组织协会和企业积极应对反倾销、反补贴等贸易摩擦，争取良好的国际贸易环境。

（二）严格控制钢铁总量，加快淘汰落后

严格控制新增产能，不再核准和支持单纯新建、扩建产能的钢铁项目，所有项目必须以淘汰落后为前提。2010年年底前，淘汰300立方米及以下高炉产能5 340万吨，20吨及以下转炉、电炉产能320万吨；2011年底前再淘汰400立方米及以下高炉、30吨及以下转炉和电炉，相应淘汰落后炼铁能力7 200万吨、炼钢能力2 500万吨。实施淘汰落后、建设钢铁大厂的地区和其他有条件的地区，要将淘汰落后产能标准提高到1 000立方米以下高炉及相应的炼钢产能。

（三）促进企业重组，提高产业集中度

进一步发挥宝钢、鞍本、武钢等大型企业集团的带动作用，推动鞍本集团、广东钢铁集团、广西钢铁集团、河北钢铁集团和山东钢铁集团完成集团内产供销、人财物统一管理的

实质性重组;推进鞍本与攀钢、东北特钢,宝钢与包钢、宁波钢铁等跨地区的重组,推进天津钢管与天铁、天钢、天津冶金公司,太钢与省内钢铁企业等区域内的重组。力争到2011年,全国形成宝钢集团、鞍本集团、武钢集团等几个产能在5 000万吨以上、具有较强国际竞争力的特大型钢铁企业;形成若干个产能在1 000～3 000万吨级的大型钢铁企业。

(四) 加大技术改造力度,推动技术进步

实施钢铁产业技术进步与技术改造专项,对符合国家产业政策的大型骨干企业,对实施跨区域、跨所有制、跨行业重组的龙头企业,对实施跨区域、跨所有制、跨行业重组的龙头企业,以及国防军工、航天航空关键材料生产企业,给予重点支持;对发展高速铁路用钢、高磁感取向硅钢、高强度机械用钢等关键钢材品种,推广高强度钢筋使用和节材技术,发展高温高压干熄焦、烧结余热利用、烟气脱硫等循环经济和节能减排工艺技术,以及提升开发利用低品位、难选冶铁矿等技术,给予重点支持。

(五) 优化钢铁产业布局,统筹协调发展

在减少或不增加产能的前提下,加快调整钢铁产业布局。一是建设沿海钢铁基地。按期完成首钢搬迁工程,建成曹妃甸钢铁精品基地。结合广州钢铁搬迁,推动宝钢与广东钢铁企业、武钢与广西钢铁企业兼并重组,通过淘汰或减少现有产能,适时建设湛江、防城港沿海钢铁精品基地。按照首钢在曹妃甸减少产能、发展循环经济的模式,结合济钢、莱钢、青钢压缩产能和搬迁,对山东省内钢铁企业实施重组和淘汰落后产能,推动日照钢铁精品基地建设。结合杭钢搬迁、以及宝钢跨地区重组和淘汰落后、压缩产能,论证宁波钢铁续建项目。二是推进城市钢厂搬迁,引导产业有序转移和集聚发展,减少城市环境污染。组织实施好北京、广州、杭州、合肥等城市钢厂搬迁项目,统筹研究推进抚顺、青岛、重庆、石家庄等城市钢厂搬迁。三是抓紧实施《汶川地震灾后重建生产力布局和产业调整专项规划》确定的钢铁项目建设。

(六) 调整钢材品种结构,提高产品质量

重点发展高速铁路用钢、高强度轿车用钢、高档电力用钢和工模具钢、特殊大锻材等关键钢材品种,支持有条件的企业、科研单位开展百万千瓦火电及核电用特厚钢板和高压锅炉管、25万千伏安以上变压器用高磁感低铁损取向硅钢等技术进行攻关。提高认证标准,加强政策引导,促进钢材实物质量达到国际先进水平。修改相关设计规范,淘汰强度335 MPa及以下热轧带肋钢筋,加快推广使用强度400 MPa及以上钢筋,促进建筑钢材的升级换代。

(七) 保持进口铁矿石资源稳定,整顿市场秩序

行业协(商)会通过行业协调,加强自律,规范进口铁矿石市场秩序。探索、推行代理制。抓住当前市场全面疲软时机,协调国内用户与铁矿石供应商,建立互惠互利的进口矿定价机制和长期稳定的合作关系。规范钢材销售制度,建立产销风险共担机制,发挥流通环节对稳定钢材市场的调节功能。

（八）开发国内外两种资源，保障产业安全

加大国内铁矿资源的勘探力度，合理配置与开发国内铁矿资源，增加资源储备。鼓励大型钢铁企业开展铁矿勘探开发，适度开发利用低品位矿和尾矿，加强对共生矿、伴生矿产资源的研究、开发和综合利用。积极推进河北司家营、山西袁家村等大型铁矿资源开发，提高国产铁矿石自给率；支持邯钢中关、唐钢石人沟、通钢塔东、武钢恩施等现有矿山的深部开采，提高资源综合利用水平；鼓励四川攀西、河北承德地区钒钛资源综合利用；整合开发安徽霍丘地区和山东苍山等地区的铁矿资源。

鼓励有条件的大型企业到国外独资或合资办矿，组织实施好已经开展前期工作的境外矿产资源项目。鼓励沿海钢铁企业充分利用区位和运输优势，尽可能利用国外铁矿石、煤炭等资源。

四、政策措施

（一）调整部分产品的进出口税率

继续坚持控制"两高一资"低附加值产品出口的政策导向，认真落实提高部分钢铁产品出口退税率的措施，适时适当提高技术含量高、附加值高的钢材产品的出口退税率。加快出口退税进度，确保及时足额退税。

（二）实施公平贸易政策

研究国产钢材和进口钢材公平税负政策，制订具体措施，为国内钢铁企业创造公平竞争的市场环境。

（三）加大技术进步及技术改造投入

在中央预算内基本建设投资中列支专项资金，以贷款贴息形式支持钢铁企业开展技术改造(不包括节能技术改造)、技术研发和技术引进，推动钢铁产业技术进步，调整品种结构，提升钢材质量。加大节能技术改造财政奖励支持力度，鼓励、引导钢铁企业积极推进节能技术改造。

（四）完善落后产能退出机制

加大淘汰落后产能的财政奖励力度，支持钢铁企业在淘汰落后产能过程中妥善解决职工安置、企业转产、债务化解等问题，促进社会和谐稳定。严格实行节能减排、淘汰落后问责制，比照《国务院批转节能减排统计监测及考核实施方案和办法的通知》(国发[2007]36号)规定，对未完成节能减排、淘汰落后任务的地区暂停项目的核准和审批。工业和信息化部会同有关部门，加强对淘汰落后产能工作的监督检查，定期向国土资源、金融、环保、工商、质检等部门通报淘汰落后企业名单。地方各级人民政府要对限期淘汰的落后装备实施严格监管，防止擅自扩容改造或异地转移。对擅自扩容改造或异地转移落后装备的，金融机构不提供任何形式的信贷支持，国土资源管理部门不予办理用地手续。

（五）完善企业重组政策

制定鼓励钢铁企业兼并重组的政策措施，妥善解决富余人员安置、企业资产划转、债务

核定与处置、财税利益分配等问题，对大型企业跨省（区、市）重组后的改扩建等项目优先予以核准。落实好鼓励钢铁企业重组的税收政策。适时研究制定钢铁企业兼并重组条例。

（六）适时修订钢铁产业政策

调整更新《产业结构调整指导目录》，修订完善《钢铁产业发展政策》。一是提高吨钢综合能耗、吨钢耗新水以及炼铁、炼钢淘汰落后标准；二是修改国内钢铁产业集中度指标的考核范围和比重；三是增加节能减排指标，包括化学需氧量(COD)排放、二氧化硫排放、烟粉尘排放、可燃气体回收利用率、固体废弃物综合利用率等环保指标；四是明确资源配置的具体要求，储量5 000万吨以上铁矿资源，优先依法配置给国内大中型钢铁企业。五是提高矿产资源开发准入门槛。

（七）提高建筑工程用钢标准

尽快完善建筑领域工程建设标准体系，结合提高抗震标准，研究出台扩大工业厂房、公共建筑、商业设施等建筑物钢结构使用比例的规定，修改提高地震多发地区建筑物、重点工程、建筑物基础工程等用钢标准及设计规范。

（八）实现钢铁与相关产业协调发展

完善装备、汽车、造船、家电等相关产业发展政策，带动钢铁产品消费和产业升级。加强钢铁新技术、新产品研发，适应和促进上下游及相关产业升级和产品换代。鼓励和支持钢铁企业与相关领域用钢企业开展合作，实现协调发展。

（九）继续实施有保有压的融资政策

加大对钢铁重点骨干企业的金融支持力度，对符合环保、土地法律法规以及投资管理规定的项目，以及实施并购、重组、走出去、技术进步的企业，在发行股票、企业债券、公司债、中期票据、短期融资券以及银行贷款、吸收私募股权投资等方面给予支持。防范大型骨干企业资金断链风险，必要时给予贷款贴息支持。对违法违规建设、越权审批的项目和产能落后企业，继续实施融资限制等措施。

（十）积极实施“走出去”战略

进一步简化项目审批程序，完善信贷、外汇、财税、人员出入境等政策措施。提高境外资源开发企业准入条件。支持符合准入条件的重点骨干企业到境外开展资源勘探、开发、技术合作和对外并购。进一步加强境外资产的经营管理，切实防范和化解境外资产风险。扩大冶金设备出口信贷规模，带动设备物资出口。完善出口信用保险政策，支持钢铁企业建立境外营销网络，稳定高端产品出口份额。充分利用境外矿产资源权益投资专项资金、对外经济技术合作专项资金和国外矿产资源风险勘探专项资金，支持企业实施“走出去”战略，增强资源保障能力。

（十一）建立产业信息披露制度

建立部门联合发布信息制度，适时向社会发布产业政策导向及项目核准、生产销售库存、产能利用、淘汰落后、企业重组、污染排放、银行贷款情况等信息，切实加强信息共享，为企业投资决策、银行贷款、土地预审等提供信息指导。

（十二）发挥行业协（商）会作用

充分发挥行业协（商）会的桥梁和纽带作用，支持企业联合对外谈判，由钢铁协会组织用矿企业统一对外谈判，建立新的双赢定价机制。由钢铁协会会同相关商会协调企业，积极应对国际贸易中的反补贴、反倾销诉讼，维护市场秩序和公平竞争环境。行业协（商）会要及时反映行业问题和企业诉求，为企业提供信息服务，引导企业落实国家产业政策，加强行业自律，提高行业整体素质。

五、规划实施

各地区要按照《规划》确定的目标、任务和政策措施，结合当地实际抓紧制订具体落实方案，确保取得实效。各省（区、市）要将具体工作方案和实施过程中出现的新情况、新问题及时报送国家发展改革委。

国务院各有关部门要按照《规划》分工，加强沟通协商，密切配合，尽快制定具体实施办法，明确政策措施的实施范围和执行期限，并加强指导和监督检查。有关部门要认真开展实施《规划》的中后期后评价工作，及时提出评价意见。

钢铁产业技术进步与技术改造投资方向

（2009 年～2011 年）

类别	专项内容	实 施 内 容
技术研发专项	前沿技术和关键产品生产技术	支持非高炉炼铁技术、连铸薄带技术、高效低成本纯净钢生产技术、大型板坯连铸技术、钢渣综合利用等关键共性技术研发和成果转化。重点支持百万千瓦火电及核电用特厚板和高压锅炉管、25 万千伏安以上变压器用高磁感低铁损取向硅钢等品种的生产技术
	自主集成重大装备和首台首套设备	千万吨级钢铁企业的设计、制造和系统耦合技术，热轧和冷轧宽带钢关键技术装备，重大装备国产化依托工程，首台首套设备
	成熟应用技术的推广	高强度钢筋、汽车板、造船板等应用技术
技术引进专项	高端产品生产技术	高磁感取向硅钢、耐高温高压腐蚀电站用钢、高强度轿车板生产技术
	清洁生产和循环经济工艺技术	焦炉煤调湿、大型热电联产技术、海水淡化技术等
技术改造专项	关键钢材品种	重点发展高速铁路用钢、高牌号无取向硅钢、高磁感取向硅钢、高强度机械用钢、抗腐蚀抗大变形的管线钢、高强度轿车用钢、高档电力用钢、高强度建筑用钢、高档精密不锈钢薄板带、高档工模具钢、特殊大锻材、特殊质量要求的高级无缝钢管等
	高强度钢筋和节材	修改相关设计规范，加快淘汰强度 335 兆帕热轧带肋钢筋。对地震多发地区的建筑物、建筑物基础工程、重点工程，强制使用强度 400 兆帕以上钢筋。采用超细晶粒或微合金化等工艺对建筑钢材产量较大的大中型企业生产线进行改造，促进建筑钢材的升级换代
	可循环工艺和节能减排	在现有大型骨干企业和国家核准的新建钢铁企业建设中推广高温高压干熄焦技术、烧结余热利用、烧结烟气脱硫、高炉工序系统工艺技术、高炉炉顶余压发电和干法除尘技术、转炉煤气干法除尘及回收利用技术、铸轧一体化技术及综合能源管理技术，鼓励沿海大厂采用风力发电
	低品位难选冶矿产资源选矿冶炼	支持开发利用共生、低品位、难选冶的褐铁矿、高磷铁矿、菱铁矿等选冶技术，深部开采技术，鼓励钒钛、硼铁资源综合利用
	焦化和辅料	支持焦化产品回收，铁合金、炭素和耐火材料等产品生产的先进节能减排技术开发和应用
	信息化与自动化	支持自主开发钢铁生产工艺自动化控制技术和信息化管理技术

钢铁产业发展政策

钢铁产业是国民经济的重要基础产业，是实现工业化的支撑产业，是技术、资金、资源、能源密集型产业，钢铁产业的发展需要综合平衡各种外部条件。我国是一个发展中大国，在经济发展的相当长时期内钢铁需求较大，产量已多年居世界第一，但钢铁产业的技术水平和物耗与国际先进水平相比还有差距，今后发展重点是技术升级和结构调整。为提高钢铁工业整体技术水平，推进结构调整，改善产业布局，发展循环经济，降低物耗能耗，重视环境保护，提高企业综合竞争力，实现产业升级，把钢铁产业发展成在数量、质量、品种上基本满足国民经济和社会发展需求，具有国际竞争力的产业，依据有关法律法规和钢铁行业面临的国内外形势，制定钢铁产业发展政策，以指导钢铁产业的健康发展。

第一章 政策目标

第一条 根据我国经济社会发展需要和资源、能源及环保状况，钢铁生产能力保持合理规模，具体规模可在规划中解决。钢铁综合竞争能力达到国际先进水平，使我国成为世界钢铁生产的大国和具有竞争力的强国。

第二条 通过产品结构调整，到2010年，我国钢铁产品优良品率有大幅度提高，多数产品基本满足建筑、机械、化工、汽车、家电、船舶、交通、铁路、军工以及新兴产业等国民经济大部分行业发展需要。

第三条 通过钢铁产业组织结构调整，实施兼并、重组，扩大具有比较优势的骨干企业集团规模，提高产业集中度。到2010年，钢铁冶炼企业数量较大幅度减少，国内排名前十位的钢铁企业集团钢产量占全国产量的比例达到50%以上；2020年达到70%以上。

第四条 通过钢铁产业布局调整，到2010年，布局不合理的局面得到改善；到2020年，形成与资源和能源供应、交通运输配置、市场供需、环境容量相适应的比较合理的产业布局。

第五条 按照可持续发展和循环经济理念，提高环境保护和资源综合利用水平，节能降耗。最大限度地提高废气、废水、废物的综合利用水平，力争实现"零排放"，建立循环型钢铁工厂。钢铁企业必须发展余热、余能回收发电，500万吨以上规模的钢铁联合企业，要努力做到电力自供有余，实现外供。2005年，全行业吨钢综合能耗降到0.76吨标准煤、吨钢可比能耗0.70吨标准煤、吨钢耗新水12吨以下；2010年分别降到0.73吨标准煤、0.685吨标准煤、8吨以下；2020年分别降到0.7吨标准煤、0.64吨标准煤、6吨以下。即今后十年，钢铁工业在水资源消耗总量减少和能源消耗总量增加不多的前提下实现总量适度发展。

第六条 在2005年底以前，所有钢铁企业排放的污染物符合国家和地方规定的标准，主要污染物排放总量应符合地方环保部门核定的控制指标。

第二章 产业发展规划

第七条 国家通过钢铁产业发展政策和中长期发展规划指导行业健康、持续、协调发展。钢铁产业中长期发展规划由国家发展和改革委员会会同有关部门制定。

第八条 2003年钢产量超过500万吨的企业集团可以根据国家钢铁产业中长期发展规划和所在城市的总体规划，制定本集团规划，经国务院或国家发展和改革委员会进行必要衔接平衡后批准执行。规划内的具体建设项目国家发展和改革委员会不再审批或核准，由企业办理土地、环保、安全、信贷等审批手续后自行组织实施，并按规定报国家发展和改革委员会备案。

第九条 其他钢铁企业的发展也必须符合钢铁产业发展政策和钢铁工业中长期发展规划的要求。

第三章 产业布局调整

第十条 钢铁产业布局调整要综合考虑矿产资源、能源、水资源、交通运输、环境容量、市场分布和利用国外资源等条件。钢铁产业布局调整，原则上不再单独建设新的钢铁联合企业、独立炼铁厂、炼钢厂，不提倡建设独立轧钢厂，必须依托有条件的现有企业，结合兼并、搬迁，在水资源、原料、运输、市场消费等具有比较优势的地区进行改造和扩建。新增生产能力要和淘汰落后生产能力相结合，原则上不再大幅度扩大钢铁生产能力。

重要环境保护区、严重缺水地区、大城市市区，不再扩建钢铁冶炼生产能力，区域内现有企业要结合组织结构、装备结构、产品结构调整，实施压产、搬迁，满足环境保护和资源节约的要求。

第十一条 从矿石、能源、资源、水资源、运输条件和国内外市场考虑，大型钢铁企业应主要分布在沿海地区。内陆地区钢铁企业应结合本地市场和矿石资源状况，以矿定产，不谋求生产规模的扩大，以可持续生产为主要考虑因素。

东北的鞍山-本溪地区有比较丰富的铁矿资源，临近煤炭产地，有一定水资源条件，根据振兴东北老工业基地发展战略，该区域内现有钢铁企业要按照联合重组和建设精品基地的要求，淘汰落后生产能力，建设具有国际竞争力的大型企业集团。

华北地区水资源短缺，产能低水平过剩，应根据环保生态要求，重点搞好结构调整，兼并重组，严格控制生产厂点继续增多和生产能力扩张。对首钢实施搬迁，与河北省钢铁工业进行重组。

华东地区钢材市场潜力大，但钢铁企业布局过于密集，区域内具有比较优势的大型骨干企业可结合组织结构和产品结构调整，提高生产集中度和国际竞争能力。

中南地区水资源丰富，水运便利，东南沿海地区应充分利用深水良港条件，结合产业重组和城市钢厂的搬迁，建设大型钢铁联合企业。

西南地区水资源丰富，攀枝花-西昌地区铁矿和煤炭资源储量大，但交通不便，现有重点骨干企业要提高装备水平，调整品种结构，发展高附加值产品，以矿石可持续供应能力确定产量，不追求数量的增加。

西北地区铁矿石和水资源短缺，现有骨干企业应以满足本地区经济发展需求为主，不追求生产规模扩大，积极利用周边国家矿产资源。

第四章 产业技术政策

第十二条 为确保钢铁工业产业升级和实现可持续发展，防止低水平重复建设，对钢铁工业装备水平和技术经济指标准入条件规定如下，现有企业要通过技术改造努力达标：

建设烧结机使用面积180平方米及以上；焦炉炭化室高度6米及以上；高炉有效容积1 000立方米及以上；转炉公称容量120吨及以上；电炉公称容量70吨及以上。

沿海深水港地区建设钢铁项目，高炉有效容积要大于3 000立方米；转炉公称容量大于200吨，钢生产规模800万吨及以上。

钢铁联合企业技术经济指标达到：吨钢综合能耗高炉流程低于0.7吨标准煤，电炉流程低于0.4吨标准煤，吨钢耗新水高炉流程低于6吨，电炉流程低于3吨，水循环利用率95%以上。其他钢铁企业工序能耗指标要达到重点大中型钢铁企业平均水平。

钢铁建设项目要节约用地，严格土地管理，有关部门要抓紧完成钢铁厂用地指标和建筑系数标准修订工作。

第十三条 所有生产企业必须达到国家和地方污染物排放标准，建设项目主要污染物排放总量控制指标要严格执行经批准的环境影响评价报告书（表）的规定，对超过核定的污染物排放指标和总量的，不准生产运行。

新上项目高炉必须同步配套高炉余压发电装置和煤粉喷吹装置；焦炉必须同步配套干熄焦装置并匹配收尘装置和焦炉煤气脱硫装置；焦炉、高炉、转炉必须同步配套煤气回收装置；电炉必须配套烟尘回收装置。

企业应根据发展循环经济的要求，建设污水和废渣综合处理系统，采用干熄焦，焦炉、高炉、转炉煤气回收和利用，煤气—蒸汽联合循环发电，高炉余压发电、汽化冷却，烟气、粉尘、废渣等能源、资源回收再利用技术，提高能源利用效率、资源回收利用率和改善环境。

第十四条 加快培育钢铁工业自主创新能力，支持企业建立产品、技术开发和科研机构，提高开发创新能力，发展具有自主知识产权的工艺、装备技术和产品。支持企业跟踪、研究、开发和采用连铸薄带、熔融还原等钢铁生产流程前沿技术。

第十五条 企业应积极采用精料入炉、富氧喷煤、铁水预处理、大型高炉、转炉和超高功率电炉、炉外精炼、连铸、连轧、控轧、控冷等先进工艺技术和装备。

第十六条 支持和组织实施钢铁工业装备本地化，提高我国钢铁工业的重大技术装备研发、设计、制造水平。对于以国产新开发装备为依托建设的钢铁重大项目，国家给予税收、贴息、科研经费等政策支持。

第十七条 加快淘汰并禁止新建土烧结、土焦（含改良焦）、化铁炼钢、热烧结矿、容积300立方米及以下高炉（专业铸铁管厂除外）、公称容量20吨及以下转炉、公称容量20吨及以下电炉（机械铸造和生产高合金钢产品除外）、叠轧薄板轧机、普钢初轧机及开坯用中型轧机、三辊劳特式中板轧机、复二重式线材轧机、横列式小型轧机、热轧窄带钢轧机、直径76毫米以下热轧无缝管机组、中频感应炉等落后工艺技术装备。

钢铁产业必须严格遵守国家适时修订的《工商领域制止重复建设目录》、《淘汰落后生产能力、工艺和产品的目录》，或依照环保法规要求，淘汰落后工艺、产品和技术。

第十八条 进口技术和装备政策：鼓励企业采用国产设备和技术，减少进口。对国内不能生产或不能满足需求而必须引进的装备和技术，要先进实用。对今后量大面广的装备要组织实施本地化生产。

禁止企业采用国内外淘汰的落后二手钢铁生产设备。

第十九条 特钢企业要向集团化、专业化方向发展，鼓励采用以废钢为原料的短流程工艺，不支持特钢企业采用电炉配消耗高、污染重的小高炉工艺流程。鼓励特钢企业研发生产国内需求的军工、轴承、齿轮、工模具、耐热、耐冷、耐腐蚀等特种钢材，提高产品质量和技术水平。

第五章　企业组织结构调整

第二十条　支持钢铁企业向集团化方向发展，通过强强联合、兼并重组、互相持股等方式进行战略重组，减少钢铁生产企业数量，实现钢铁工业组织结构调整、优化和产业升级。

支持和鼓励有条件的大型企业集团，进行跨地区的联合重组，到 2010 年，形成两个 3 000 万吨级，若干个千万吨级的具有国际竞争力的特大型企业集团。

大型钢铁企业均要进行股份制改造并支持其公开上市，鼓励包括民营资本在内的各类社会资本通过参股、兼并等方式重组现有钢铁企业，推进资本结构调整和机制创新。

第二十一条　国家支持具备条件的联合重组的大型钢铁联合企业通过结构调整和产业升级适当扩大生产规模，提高集约化生产度，并在主辅分离、人员分流、社会保障等方面给予政策支持。

第六章　投 资 管 理

第二十二条　国家对各类经济类型的投资主体投资国内钢铁行业和国内企业投资境外钢铁领域的经济活动实行必要的管理，投资钢铁项目需按规定报国家发展和改革委员会审批或核准。

第二十三条　建设炼铁、炼钢、轧钢等项目，企业自有资本金比例必须达到 40%及以上。

建设钢铁项目除满足环保生态、安全生产等国家法律法规要求外，企业还必须具备较强的资金实力、先进的技术和管理能力，以及健全的市场营销网络，水资源、矿石原料、煤炭和电力能源、运输等外部条件要稳定可靠和基本落实。

钢铁企业跨地区投资建设钢铁联合企业项目，普钢企业上年钢产量必须达到 500 万吨及以上，特钢企业产量达到 50 万吨及以上。非钢铁企业投资钢铁联合企业项目的，必须具有资金实力和较高的公信度，必须对企业注册资本进行验资，银行提供资信证明，会计事务所提供业绩报告，有条件的通过招标方式选择项目业主。

境外钢铁企业投资中国钢铁工业，须具有钢铁自主知识产权技术，其上年普通钢产量必须达到 1 000 万吨以上或高合金特殊钢产量达到 100 万吨。投资中国钢铁工业的境外非钢铁企业，必须具有强大的资金实力和较高的公信度，提供银行、会计事务所出具的验资和企业业绩证明。境外企业投资国内钢铁行业，必须结合国内现有钢铁企业的改造和搬迁实施，不布新点。外商投资我国钢铁行业，原则上不允许外商控股。

第二十四条　对不符合本产业发展政策和未经审批或违规审批的项目，国土资源部门不予办理土地使用手续，工商管理部门不予登记，商务管理部门不批准合同和章程，金融机构不提供贷款和其他形式的授信支持，海关不予办理免税进口设备手续，质检部门不予颁发生产许可证，环保部门不予审批项目环境影响评价文件和不予发放排污许可证。

第二十五条　各金融机构向炼铁、炼钢、轧钢项目发放中长期固定资产投资贷款，要符合钢铁产业发展政策，加强风险管理，向新增能力的炼铁、炼钢、轧钢项目发放固定资产投资贷款需要项目单位提供国家发展和改革委员会出具的相应的项目批复、核准或备案文件。

第二十六条 企业申请首次公开发行股票或在证券市场融资，募集资金投向于钢铁行业，必须符合钢铁产业发展政策，并需向证券监管部门提供由国家发展和改革委员会出具的募集资金投向的文件。

第二十七条 国家鼓励钢铁生产和设备制造企业采用工贸或技贸结合的方式出口国内有优势的技术和冶金成套设备，并在出口信贷等方面给予支持。

第七章 原材料政策

第二十八条 矿产资源属国家所有。国家鼓励大型钢铁企业进行铁矿等资源勘探开发，矿山开采必须依法取得采矿许可证。储量 5 000 万吨及以上铁矿资源的开采建设项目必须经国家发展和改革委员会核准或审批，同时做好矿山规划、安全生产以及土地复垦、水土保持、地下矿井回填等环境保护工作，禁止乱采滥挖行为。未经合法审批手续乱采滥挖的，国土资源部门要收回采矿权，停止非法开采行为。

第二十九条 根据我国富矿少、贫矿多的资源现状，国家鼓励企业发展低品位矿采选技术，充分利用国内贫矿资源。国土资源部门要加大矿产资源勘探力度，保护矿产资源，对滥采乱挖行为，要给予必要处罚和进行整顿。

第三十条 按照优势互补、互利双赢的原则，加强与境外矿产资源国际合作。支持有条件的大型骨干企业集团到境外采用独资、合资、合作、购买矿产资源等方式建立铁矿、铬矿、锰矿、镍矿、废钢及炼焦煤等生产供应基地。沿海地区企业所需的矿石、焦炭等重要原辅材料，国家鼓励依靠海外市场解决。

钢铁协会要搞好行业自律和协调，稳定国内外原料市场。国内多家企业对境外资源造成恶性竞争时，国家可采取行政协调方式，进行联合或确定一家企业进行投资，避免恶性竞争。企业应服从国家行政协调。

限制出口能耗高、污染大的焦炭、铁合金、生铁、废钢、钢坯(锭)等初级加工产品，降低或取消对这些产品的出口退税。

第八章 钢材节约使用

第三十一条 全社会要树立节约使用钢材意识，科学使用，鼓励用可再生材料替代和废钢材回收，减少钢材使用数量。

第三十二条 建设部门要适时组织修订和完善建筑钢材使用设计规范和标准，在确保安全的情况下，降低钢材使用系数。

设计部门要严格按照设计规范和标准进行设计，把研发的经济、节约型产品及时纳入标准设计。

第三十三条 鼓励研究、开发和使用高性能、低成本、低消耗的新型材料，替代钢材。

第三十四条 鼓励钢铁企业生产高强度钢材和耐腐蚀钢材，提高钢材强度和使用寿命，降低钢材使用数量。

通过推广Ⅲ级(400 MPa)及以上级别热轧带肋钢筋、各类用途的高强度钢板、H 型钢等钢材品种，降低钢材消耗。

开发应用抗硫化氢、抗二氧化碳腐蚀的油井管和管线钢板、耐大气腐蚀钢板和型钢、耐火钢等产品，提高钢材的耐腐蚀性和钢材使用寿命。

第三十五条 随着市场保有钢铁产品数量增加和废钢回收量增加，逐渐减少铁矿石比例和增加废钢比重。

第九章 其 他

第三十六条 咨询、设计、施工单位从事钢铁业活动，必须遵守本产业政策。相关行业协会要建立自律机制，互相监督。违反本产业政策规定的，由国家发展和改革委员会、建设部、工商管理总局等有关部门根据规定对责任人、责任单位进行处罚。

本产业发展政策是对钢铁行业的基本要求，各有关部门和行业协会可根据本产业政策制定和修订有关技术规范和相关标准。

第三十七条 规范市场秩序，维护市场稳定。鼓励钢铁企业与用户建立长期战略联盟，稳定供需关系，提高钢材加工配送能力，延伸钢铁企业服务。

第三十八条 发挥行业协会的作用，行业协会要建立和完善钢铁市场供求、生产能力、技术经济指标等方面信息定期发布制度和行业预警制度，向政府行政部门及时反映行业动向和提出政策建议，协调行业发展的重大事项，加强行业自律，引导企业的发展。

第三十九条 本产业政策由国务院授权发布，各政府行政管理部门都应遵守。对违反本产业发展政策的建设单位和行政单位，各级监察、投资、土地、工商、税务、质检、环保、商务、金融、证券监管等部门要追究其责任。

第四十条 钢铁产业发展政策，由国家发展和改革委员会组织有关部门制定、修订报国务院批准，并监督执行。

注：

1. 本产业发展政策所称钢铁产业的范围包括铁矿、锰矿、铬矿采选，烧结、焦化、铁合金、炭素制品、耐火材料、炼铁、炼钢、轧钢、金属制品等各工艺及相关配套工艺。
2. 跨地区投资指跨国、跨省、自治区、直辖市。
3. 境外企业包括国外和在香港、澳门、台湾地区注册的企业。

焦化行业准入条件

（2008年修订）

总则

为促进焦化行业产业结构优化升级，规范市场竞争秩序，依据国家有关法律法规和产业政策要求，按照“总量控制、调整结构、节约能（资）源、保护环境、合理布局”的可持续发展原则，特制定本准入条件。

本准入条件适用于常规机焦炉、半焦（兰炭）焦炉和现有热回收焦炉生产企业及炼焦煤化工副产品加工生产企业。

常规机焦炉系指炭化室、燃烧室分设，炼焦煤隔绝空气间接加热干馏成焦炭，并设有煤气净化、化学产品回收利用的生产装置。装煤方式分顶装和捣固侧装。

半焦（兰炭）炭化炉是以不粘煤、弱粘煤、长焰煤等为原料，在炭化温度750℃以下进行中低温干馏，以生产半焦（兰炭）为主的生产装置。加热方式分内热式和外热式。

热回收焦炉系指焦炉炭化室微负压操作、机械化捣固、装煤、出焦、回收利用炼焦燃烧废气余热的焦炭生产装置。以生产铸造焦为主。

一、生产企业布局

新建和改扩建焦化生产企业厂址应靠近用户或炼焦煤原料基地。必须符合各省（自治区、直辖市）地区焦化行业发展规划、城市建设发展规划、土地利用规划、环境保护和污染防治规划、矿产资源规划和国家焦化行业结构调整规划要求。

在城市规划区边界外2公里（城市居民供气项目、现有钢铁生产企业厂区内配套项目除外）以内，主要河流两岸、公路干道两旁和其他严防污染的食品、药品等企业周边1公里以内，居民聚集区《焦化厂卫生防护距离标准》（GB 11661—1989）范围内，依法设立的自然保护区、风景名胜区、文化遗产保护区、世界文化自然遗产和森林公园、地质公园、湿地公园等保护地以及饮用水水源保护区内，不得建设焦化生产企业。已在上述区域内投产运营的焦化生产企业要根据该区域规划要求，在一定期限内，通过“搬迁、转产”等方式逐步退出。

二、工艺与装备

新建和改扩建焦化生产企业应满足节能、环保和资源综合利用的要求，实现合理规模经济。

1. 焦炉

常规机焦炉：新建顶装焦炉炭化室高度必须≥6.0 m、容积≥38.5 m^3；新建捣固焦炉炭化室高度必须≥5.5 m、捣固煤饼体积≥35 m^3，企业生产能力100万t/a及以上。

半焦（兰炭）炭化炉：新建直立炭化炉单炉生产能力≥7.5万t/a，每组生产能力≥

30 万 t/a,企业生产能力 60 万 t/a 及以上。

热回收焦炉:企业生产能力 40 万 t/a 及以上。应继续提升热回收炼焦技术。禁止新建热回收焦炉项目。

钢铁企业新建焦炉要同步配套建设干熄焦装置并配套建设相应除尘装置。

2. 煤气净化和化学产品回收

焦化生产企业应同步配套建设煤气净化(含脱硫、脱氰、脱氨工艺)、化学产品回收装置与煤气利用设施。

热回收焦炉应同步配套建设热能回收和烟气脱硫、除尘装置。

3. 化学产品加工与生产

新建煤焦油单套加工装置应达到处理无水煤焦油 15 万 t/a 及以上;新建的粗(轻)苯精制装置应采用苯加氢等先进生产工艺,单套装置要达到 5 万 t/a 及以上;已有的单套加工规模 10 万 t/a 以下的煤焦油加工装置、酸洗法粗(轻)苯精制装置应逐步淘汰。

新建焦炉煤气制甲醇单套装置应达到 10 万 t/a 及以上。

4. 环境保护、事故防范与安全

焦化企业应严格执行国家环境保护、节能减排、劳动安全、职业卫生、消防等相关法律法规。应同步建设煤场、粉碎、装煤、推焦、熄焦、筛运焦等抑尘、除尘设施,以及熄焦水闭路循环、废气脱硫除尘及污水处理装置,并正常运行。具体有:

(1) 常规机焦炉企业应按照设计规范配套建设含酚氰生产污水二级生化处理设施、回用系统及生产污水事故储槽(池)。

(2) 半焦(兰炭)生产的企业氨水循环水池、焦油分离池应建在地面以上。生产污水应配套建设污水焚烧处理或蒸氨、脱酚、脱氰生化等有效处理设施,并按照设计规范配套建设生产污水事故储槽(池),生产废水严禁外排。

(3) 热回收焦炉企业应配置烟气脱硫、除尘设施和二氧化硫在线监测、监控装置。

(4) 焦化生产企业应采用可靠的双回路供电;焦炉煤气事故放散应设有自动点火装置。

(5) 焦化生产企业的化学产品生产装置区及储存罐区和生产污水槽池等应做规范的防渗漏处理,油库区四周设置围堰,杜绝外溢和渗漏。

(6) 规范排污口的建设,焦炉烟囱、地面除尘站排气烟囱和废水总排口安装连续自动监测和自动监控系统,并与环保部门联网。

(7) 焦化生产企业应建设足够容积事故水池、消防事故水池。

三、主要产品质量

1. 焦炭

冶金焦应达到 GB/T 1996—2003 标准;

铸造焦应达到 GB/T 8729—1988 标准;

半焦(兰炭)应参照 YB/T 034—1992 标准。

2. 焦炉煤气

城市民用煤气应达到 GB 13612—1992 标准;

工业或其他用煤气 H_2S 含量应≤250 mg/m³。

3. 化学工业产品

硫酸铵符合 GB 535—1995 标准(一级品);

粗焦油符合 YB/T 5075—1993 标准(半焦所产焦油应参照执行);

粗苯符合 YB/T 5022—1993 标准;

甲醇、焦油和苯加工等及其他化工产品应达到国标或相关行业产品标准。

四、资(能)源消耗和副产品综合利用

1. 资(能)源消耗

焦化生产企业应达到《焦炭单位产品能源消耗限额》标准(GB 21342—2008)和以下指标:

项　　目	常规焦炉	热回收焦炉	半焦(兰炭)炉
综合能耗/(kgce/t 焦)	≤165[1]	≤165[1]	≤260[1](内热) ≤230[1](外热)
煤耗(干基)t/t 焦	1.33[2]	1.33	1.65
吨焦耗新水 m³/t 焦	2.5	1.2	2.5
焦炉煤气利用率	≥98	—	≥98
水循环利用率/%	≥95	≥95	≥95
炼焦煤烧损率/%		≤1.5	

1) 综合能耗引用《焦炭单位产品能源消耗限额》(GB 21342—2008),当电力折标系数为 0.404 kgce/(kW·h)等价值时的现值标准,如采用电力折标系数为 0.122 9 kgce/(kW·h)的当量值时,应为 155 kgce/t;半焦(兰炭)炉的综合能耗标准相应调整,≤250(内热)、≤220(外热)。

2) 适于装炉煤挥发分 V_d=24%~27%。若装炉煤挥发分超出此范围时,当予以折算。

热回收焦炉吨焦余热发电量:入炉煤干基挥发分为 17%时,吨焦发电量≥350 kW·h;入炉煤干基挥发分为 23%时,吨焦发电量≥430 kW·h。

2. 焦化副产品综合利用

焦化生产企业生产的焦炉煤气应全部回收利用,不得放散;煤焦油及苯类化学工业产品必须回收,并鼓励集中深加工。

五、环境保护

1. 污染物排放量

焦化生产企业主要污染物排放量不得突破环保部门分配给其排污总量指标。

2. 气、水污染物排放标准

焦炉无组织污染物排放执行《炼焦炉大气污染物排放标准》(GB 16171—1996),其他有组织废气执行《大气污染物综合排放标准》(GB 16297—1996),NH_3、H_2S 执行《恶臭污染物排放标准》(GB 14554—1996)。

酚氰废水处理合格后要循环使用，不得外排。外排废水应执行《污水综合排放标准》(GB 8978—1996)。排入污水处理厂的达到二级，排入环境的达到一级标准。

3. 固(液)体废弃物

备配煤、推焦、装煤、熄焦及筛焦工段除尘器回收的煤(焦)尘、焦油渣、粗苯蒸馏再生器残渣、苯精制酸焦油渣、脱硫废渣(液)以及生化剩余污泥等一切焦化生产的固(液)体废弃物，应按照相关法规要求处理和利用，不得对外排放。

六、技术进步

鼓励焦化生产企业采用煤调湿、风选调湿、捣固炼焦、配型煤炼焦、粉煤制半焦、干法熄焦、低水分熄焦、热管换热、导热油换热、焦炉烟尘治理、焦化废水深度处理回用、焦炉煤气制甲醇、焦炉煤气制合成氨、苯加氢精制、煤沥青制针状焦、焦油加氢处理、煤焦油产品深加工等先进适用技术。

七、监督与管理

1. 焦化生产企业建设项目的投资管理、土地供应、环评审批、能源评价、信贷融资等必须依据本准入条件。环境影响评价报告应由省级行业主管部门提出预审意见后，报省级及以上环境保护行政主管部门审批。

2. 焦化生产企业生产装置建成投产前，应经省级及以上焦化行业、环境保护等行政主管部门组织联合检查组，按照本准入条件中第一、二款要求进行监督检查。经检查未达到准入条件要求的，环境保护行政主管部门不颁发其排污许可证，行业主管部门应责令限期完成符合准入条件的有关建设内容。仍达不到要求的，环境保护行政主管部门依照有关法律法规要求吊销其排污许可证，水电供应部门报请同级行政主管部门批准后，将依法停止供电、供水。

3. 焦化建设项目应在投产6个月内达到本准入条件第四、五款中规定的资(能)源消耗、副产品综合利用和环境保护指标。逾期者除按正常规定缴纳相关费用外，环境保护行政主管部门要根据国家有关法律、法规的要求责令限期整改或停产。

4. 各省级焦化行业主管部门会同环境保护行政主管部门应对本地区执行焦化行业准入条件情况进行监督检查，工业和信息化部应组织国家有关部门进行不定期抽查和检查。

5. 中国炼焦行业协会要加强对国内外焦炭市场、焦化工艺技术发展等情况进行分析研究，推广焦化行业环保、节能和资源综合利用新技术；建立符合准入条件的评估体系，科学公正提出评估意见；研究建立清洁生产评价指标体系，在行业内积极推广清洁生产；协助政府有关部门做好监督和管理工作。

6. 工业和信息化部定期公告符合准入条件的焦化生产企业名单。符合准入条件的焦化生产企业可享受政府的相关扶持政策，可按有关程序规定取得焦炭产品出口资格。

7. 对不符合准入条件的新建或改扩建焦化建设项目，环境保护行政管理部门不得办理环保审批手续，金融机构不得提供信贷，电力供应部门依法停止供电。地方人民政府或相关主管部门依法决定撤销或责令关闭的企业，有关管理部门应依法撤销相关许可证件，工商行政管理部门依法责令其办理变更登记或注销登记。

附则

本准入条件适用于中华人民共和国境内(台湾、香港、澳门特殊地区除外)焦化行业生产企业。

本准入条件中涉及的国家和行业标准若进行了修订,则按修订后的新标准执行。

本准入条件自2009年1月1日起实施,国家发展改革委2004年第76号公告《焦化行业准入条件》同时废止。

本准入条件由工业和信息化部负责解释,并根据行业发展情况和宏观调控要求进行修订。

铁合金行业准入条件

（2008 年修订）

为遏制铁合金行业低水平重复建设和盲目发展，促进产业结构升级，根据国家有关法律法规和产业政策，按照调整结构、有效竞争、降低消耗、保护环境和安全生产的原则，对铁合金生产企业提出如下准入条件。

一、工艺与装备

（一）硅铁、工业硅、电炉锰铁、硅锰合金、高碳铬铁、硅铬合金等铁合金矿热电炉采用矮烟罩半封闭型或全封闭型，容量为 25 000 kVA 及以上（中西部具有独立运行的小水电及矿产资源优势的国家和省定扶贫开发工作重点县，单台矿热电炉容量≥12 500 kVA），变压器选用有载电动多级调压的三相或三个单相节能型设备，生产工艺操作机械化和控制自动化。中低碳锰铁、电炉金属锰和中低微碳铬铁等精炼电炉，必须采用热装热兑工艺，容量为 3 000 kVA 及以上。锰铁高炉容积为 300 米^3 及以上。硅钙合金和硅钙钡铝合金电炉容量为 12 500 kVA 及以上。硅铝铁合金电炉容量为 16 500 kVA 及以上。钛铁熔炼炉产能为 5 吨/炉以上。钼铁生产线不得采用反射炉焙烧钼精矿工艺，并配备 SO_2 回收装置。金属铬生产线不得采用反射炉还原、煅烧红矾纳、铬酐生产工艺。其他特种铁合金生产装备要大型化，达到国际先进水平。

（二）原料处理、熔炼、装卸运输等所有产生粉尘部位，均配备除尘及回收处理装置，并安装省级环保部门认可的烟气和废水等在线监测装置。主管环保部门已建成在线监测监控平台的，要与主管环保部门联网。各类铁合金电炉、高炉配备干法袋式或其他先进适用的烟气净化收尘装置。湿法净化除尘过程产生的污水经处理后进入闭路循环利用或达标后排放。采用低噪音设备和设置隔声屏障等进行噪声治理。所有防治污染设施必须与铁合金建设项目主体工程同时设计、同时施工、同时投产使用。

（三）配备火灾、雷击、设备故障、机械伤害、人体坠落等事故防范设施，以及安全供电、供水装置和消除有毒有害物质设施。所有安全生产和安全检查设施必须与铁合金建设项目主体工程同时设计、同时施工、同时投产使用。

二、能源消耗

主要铁合金产品单位冶炼电耗：硅铁（FeSi75）不高于 8 500 千瓦时/吨，工业硅不高于 12 000 千瓦时/吨，电炉锰铁不高于 2 600 千瓦时/吨（入炉品位 38%），硅锰合金不高于 4 200 千瓦时/吨（入炉品位 34%），高碳铬铁不高于 3 200 千瓦时/吨（入炉品位 40%），硅铬合金不高于 4 800 千瓦时/吨，中低碳锰铁不高于 580 千瓦时/吨（冷装不高于 1 800 千瓦时/吨），电炉金属锰 1 750 千瓦时/吨，中低微碳铬铁不高于 1 800 千瓦时/吨，高炉锰铁焦比不高于1 320千克/吨，硅钙合金(Ca28Si60)不高于11 000千瓦时/吨，硅铝铁合金不高于9 000千瓦时/吨，其他特种铁合金能耗指标达国内先进水平。

三、资源消耗

（一）主元素回收率：硅铁(FeSi75)Si≥92%，工业硅Si≥85%，电炉锰铁Mn≥78%，硅锰合金Mn≥82%，高碳铬铁Cr≥92%，硅铬合金Cr≥94%，中低碳锰铁Mn≥80%，电炉金属锰Mn≥83%，中低微碳铬铁Cr≥80%，高炉锰铁Mn≥82%，硅钙合金(Ca28Si60)Si≥65%、Ca≥35%，其他特种铁合金资源消耗达到国内先进水平。

（二）水循环利用率95%以上。

（三）硅铁和硅系铁合金电炉烟气回收利用微硅粉纯度SiO_2>92%。

四、环境保护

（一）在国家法律、法规、行政规章及规划确定或经县级以上人民政府批准的饮用水源保护区、自然保护区、风景名胜区、生态功能保护区等需要特殊保护的地区，大中城市及其近郊，居民集中区、疗养地等周边1公里内不得新建、扩建铁合金生产企业。

（二）铁合金熔炼炉大气污染物排放应符合现行国家《工业炉窑大气污染物排放标准》(GB 9078—1996)（新的国家标准颁布后按新标准执行）。凡是向已有地方排放标准的区域排放大气污染物的，应当执行地方排放标准。

（三）水污染物排放应符合国家《钢铁工业水污染排放标准》(GB 13456—1992)（铁合金）（新的国家标准颁布后按新标准执行）。凡是向已有地方污染物排放标准的水体排放污染物的，应当执行地方污染物排放标准。

对产生的工业固体废物要依法贮存、处置或综合利用。

五、监督与管理

（一）新建和改扩建铁合金项目必须符合上述准入条件，铁合金项目的投资管理、土地使用、贷款融资等也必须依据上述准入条件。现有铁合金生产企业也要通过技术改造达到环保、能耗、资源消耗、安全生产等方面的准入条件。

（二）各级铁合金行业主管部门和有关执法部门负责对当地生产企业执行铁合金行业准入条件的情况进行监督检查。中国铁合金工业协会协助国家有关部门，做好监督和管理工作。

（三）对不符合准入条件的新建和改扩建铁合金项目，金融机构不得提供信贷支持，电力监管机构监督电力企业依法停止供电，环保部门不得办理环保审批手续。地方人民政府或相关主管部门依法决定撤消或者责令关闭的企业，工商行政管理部门依法责令其办理变更登记或者注销登记。

（四）国家发展和改革委员会定期公告符合准入条件的铁合金生产企业名单。

六、附则

（一）本准入条件适用于中华人民共和国境内（台湾、香港、澳门特殊地区除外）所有类型的铁合金行业生产企业。

（二）电石炉、黄磷炉等设备如需转炼铁合金及不同铁合金品种相互转炼，也适用本准入条件。

（三）本准入条件自2008年3月1日起实施，由国家发展和改革委员会负责解释，并根据行业发展情况和宏观调控要求进行修订。

摘自中华人民共和国国家发展和改革委员会公告（2008年第13号）。

ICS 27.010
F 01

中华人民共和国国家标准

GB/T 21368—2008

钢铁企业能源计量器具配备和管理要求

Specification for equipping and managing of measuring instrument of energy in the iron and steel industry

2008-01-21 发布　　　　2008-07-01 实施

中华人民共和国国家质量监督检验检疫总局
中国国家标准化管理委员会　发布

前　言

本标准依据 GB 17167—2006《用能单位能源计量器具配备和管理通则》的规定和要求，结合钢铁行业特点制定的。

本标准由国家发展和改革委员会资源节约和环境保护司、国家质量监督检验检疫总局计量司和国家标准化管理委员会工业标准一部提出。

本标准由全国能源基础与管理标准化技术委员会归口。

本标准负责起草单位：中国计量协会冶金分会、首钢总公司、冶金自动化研究设计院、太原钢铁集团公司、济南钢铁集团公司、鞍山钢铁集团公司、包头钢铁集团公司、陕西龙门钢铁集团公司、中冶东方工程技术有限公司、重庆钢铁集团公司、中冶南方工程技术有限公司、酒泉钢铁集团公司。

本标准主要起草人：刘晓京、康治清、樊春刚、薛兴昌。

钢铁企业能源计量器具配备和管理要求

1 范围

本标准规定了钢铁行业用能单位能源计量的种类、范围，能源计量器具的配备原则和基本要求。

本标准适用于钢铁行业从事采矿、烧结、球团、焦化、炼铁、炼钢、连铸、轧钢，以及电力、动力等与生产主流程有关的用能企业。

2 规范性引用文件

下列文件中的条款通过本标准的引用而成为本标准的条款。凡是注日期的引用文件，其随后所有的修改单（不包括勘误的内容）或修订版均不适用于本标准，然而，鼓励根据本标准达成协议的各方研究是否可使用这些文件的最新版本。凡是不注日期的引用文件，其最新版本适用于本标准。

GB/T 6422　企业能耗计量与测试导则

GB/T 15316　节能监测技术通则

GB 17167　用能单位能源计量器具配备和管理通则

GB/T 18603—2001　天然气计量系统技术要求

3 术语和定义

GB 17167 确定的以及下列术语和定义适用于本标准。

3.1

钢铁行业用能单位　organization of energy using in the iron and steel industry

钢铁行业中具有独立法人地位的单位和具有独立结算能力的单位。

以下简称用能单位。

3.2

钢铁行业次级用能单位　sub-organization of energy using in the iron and steel industry

用能单位直属的能源核算单位，指生产厂、工程、维检、生产服务等。

以下简称次级用能单位。

3.3

钢铁行业基本用能单元　cell of energy using in the iron and steel industry

次级用能单位下属的基本生产单位，指生产工序、工段、站、工程队等。

以下简称基本用能单元。

4 能源计量器具的配备要求

4.1 计量能源种类

本标准所称能源，指煤炭、原油、天然气、电力、焦炭、煤气、热力等和其他直接或者通过加工、转换、回收而取得有用能的各种资源。

4.2 能源计量范围

a)　输入用能单位、次级用能单位、基本用能单元的能源及耗能工质；

b)　输出用能单位、次级用能单位、基本用能单元的能源及耗能工质；

c) 用能单位、次级用能单位、基本用能单元使用的能源及耗能工质；

d) 用能单位、次级用能单位、基本用能单元自产的能源及耗能工质；

e) 用能单位、次级用能单位、基本用能单元回收利用的余能资源。

4.3 能源计量器具的配备原则

4.3.1 应满足能源分类计量的要求。

4.3.2 应满足用能单位能源分级分项进行结算、核算的要求。

4.3.3 应满足节能监测的要求，并配备必要的便携式节能检测计量器具。

4.3.4 应按生产与非生产用能、自用与转供能源分别计量。

4.3.5 余能的回收量、使用量及放散量要求配备能源计量器具，包括利用高炉炉顶压差、焦炉干熄焦余能发电，回收利用高炉煤气、转炉煤气，回收余热转换为蒸汽，回收处理污水再利用等。

4.3.6 能源计量设备应随着生产能力、产品结构、工艺技术的变化和能源物质运输方式的改变及时补充完善。

4.3.7 能源计量器具应与新建、改造、检修工程项目主体同时设计、同时施工、同时验收和投入使用。

4.3.8 因施工等原因，需临时拆除计量器具及管、线、盘等附属设施时，必须经过计量、能源管理部门同意，并采取措施保证其间能源管理有效，工程完工后恢复计量装置原状。

4.3.9 对具备实行躲峰用电条件的单位，应安装峰谷电表。

4.4 能源计量器具的配备要求

4.4.1 能源计量器具配备率按下式计算：

$$R_p = \frac{N_s}{N_l} \times 100\%$$

式中：

R_p——能源计量器具配备率，%；

N_s——能源计量器具实际的安装配备数量；

N_l——计量器具配备理论需要量。

4.4.2 用能单位、次级用能单位、基本用能单元应加装能源计量器具。

4.4.3 凡未执行基本用能单元能源计量考核的，用能量（产能量或疏运能量）大于或等于表1中一种或多种能源消耗量限定值的装置，应加装能源计量器具。

表1 能源消耗量（或功率）限定值

能源种类	电 力	固体燃料	原油 成品油 石油液化气	重油	煤气 天然气	蒸汽 热水	水	其他
单 位	kW	t/h	t/h	t/h	m^3/h	MW	t/h	GJ/h
限定值	100	1	0.5	1	100	7	1	29.26

注1：对于可单独进行能源计量考核的基本用能单元（装置、系统、工序、工段等），如果基本用能单元已配置了能源计量器具，基本用能单元中的主要用能设备可以不再单独配置能源计量器具。

注2：对于集中管理同类用能设备的基本用能单元（锅炉房、泵房等），如果基本用能单元已配置了能源计量器具，基本用能单元中的主要用能设备可以不再单独配置能源计量器具。

4.4.4 能源计量器具配备率应符合表2的要求。

表2 能源计量器具配备率要求

单位:%

能源种类			用能单位	次级用能单位	基本用能单元
电力	外购电		100	100	100
	自备发电		100	100	100
	利用余能发电		100	100	100
固态能源	煤炭	原煤	100	100	95
		炼焦洗精煤	100	100	95
		其他洗煤	100	100	95
		型煤	100	100	95
	焦炭		100	100	95
液态能源	原油		100	100	95
	成品油		100	100	95
	重油		100	100	90
气态能源	天然气		100	100	95
	液化气		100	100	90
	焦炉煤气		100	100	80
	转炉煤气		100	95	90
	高炉煤气		100	95	90
	混合煤气		100	95	90
	发生炉煤气		100	95	90
	蒸汽		100	90	80
耗能工质	氧气		100	100	95
	氮气		100	100	90
	氩气		100	100	90
	余热回收蒸汽		100	90	80
	净水		100	100	95
	新水(工业水)		100	95	90
	软化水		100	95	90
	循环水、中水		100	90	90
	压缩空气		100	100	90
	鼓风		100	100	90

4.4.5 企业自备的动力、电力、制氧生产厂,其所配备的能源计量器具应满足其能源效率评价的要求。

4.4.6 用能单位的能源计量器具准确度等级应满足表3的要求。

表 3　用能单位能源计量器具准确度等级要求

计量器具类别	计　量　目　的		准确度等级
衡　器	进出用能单位燃料的静态计量		
	进出用能单位燃料的动态计量		0.5
电能表	用能单位有功交流电能计量Ⅰ类用户		0.5 S
	用能单位有功交流电能计量Ⅱ类用户		0.5
	用能单位有功交流电能计量Ⅲ类用户		1.0
	用能单位有功交流电能计量Ⅳ类用户		2.0
	用能单位有功交流电能计量Ⅴ类用户		2.0
	用能单位的直流电能计量		2.0
油流量表（装置）	进出用能单位	汽油、柴油	0.5
		重油	1.0
气体流量表（装置）	进出用能单位	煤气、天然气	2.0
		蒸汽	1.0
水流量表（装置）	进出用能单位	管径≤250 mm	2.5
		管径＞250 mm	1.5
温度计	用于液态、气态能源的温度计量		2.0
	与气体、蒸汽质量计算相关的温度计量		1.0
压力表	用于气态、液态能源的压力计量		2.0
	与气体、蒸汽质量计算相关的压力计量		1.0

注 1：当计量器具是由传感器(变送器)、二次仪表组成的测量装置或系统时，表中给出的准确度等级应是装置或系统的准确度等级。装置或系统未明确给出其准确度等级时，可用传感器与二次仪表的准确度。

注 2：运行中的电能计量装置按其所计量电能量的多少，将用户分为五类：

1) Ⅰ类用户为月平均用电量 500 万 kW·h 及以上或变压器容量为 10 000 kV·A 及以上的高压计费用户；

2) Ⅱ类用户为小于Ⅰ类用户用电量(或变压器容量)，但月平均用电量 100 万 kW·h 及以上或变压器容量为 2 000 kV·A 及以上的高压计费用户；

3) Ⅲ类用户为小于Ⅱ类用户用电量(或变压器容量)，但月平均用电量 10 万 kW·h 及以上或变压器容量为 315 kV·A 及以上的计费用户；

4) Ⅳ类用户为负荷容量为 315 kV·A 及以上的计费用户；

5) Ⅴ类用户为单项用电的计费用户。

注 3：用于成品油贸易结算的计量器具的准确度等级应不低于 0.2。

注 4：用于天然气贸易结算的计量器具的准确度等级应符合 GB/T 18603—2001 附录 A 和附录 B 的要求。

4.4.7　次级用能单位所配备能源计量器具的准确度等级(电能表除外)参照表 3 的要求，电能表可比表 3 的同类用户低一个档次的要求。

4.4.8　基本用能单元所配备能源计量器具的准确度等级(电能表除外)参照表 3 的要求，电能表可比表 3 的同类用户低一个档次的要求。

4.4.9　能源作为生产原料使用时，其计量器具的准确度等级应满足相应的生产工艺要求。

4.4.10　能源计量器具的性能应满足相应的生产工艺及使用环境(如温度、温度变化率、湿度、照明、振动、粉尘、腐蚀、电磁干扰等)要求。

5 能源计量器具的管理要求

5.1 能源计量制度

5.1.1 用能单位应建立能源计量管理体系，形成文档，保持并持续改进其有效性。

5.1.2 用能单位应建立和使用文档化的程序来规范人员行为，管理计量器具和进行数据的采集、处理和汇总。

5.2 能源计量人员

5.2.1 用能单位应设专人负责能源计量器具的管理，负责能源计量器具的配备、使用、检定(校准)、维护、修理、更新报废等管理工作。

5.2.2 用能单位应设专人负责次级用能单位和基本用能单元能源计量器具的管理。

5.2.3 用能单位的能源计量管理人员，应通过相关部门的培训考核，持证上岗；用能单位应建立和保存能源计量管理人员的技术档案。

5.2.4 能源计量器具的管理、检定、校准和维修人员，应具有相应的资格。

5.3 能源计量器具

5.3.1 用能单位应备有完整的能源计量器具一览表。表中应列出计量器具的名称、型号规格、准确度等级、测量范围、生产厂家、出厂编号、用能单位管理编码、安装使用地点、状态(指合格、准用、停用等)。次级用能单位和基本用能单元应备有独立的能源计量器具一览分表。

5.3.2 用能设备的设计、安装和使用应能满足 GB/T 6422、GB/T 15316 中关于用能设备的能源监测要求。

5.3.3 用能单位应建立能源计量器具档案，内容包括：使用说明书、出厂合格证、最近两个连续周期的检定(测试、校准)证书、计量器具维修记录；其他相关的信息。

5.3.4 用能单位应建有能源计量器具量值传递或溯源图，其中作为用能单位内部标准计量器具使用的，要明确规定其准确度等级、测量范围、可溯源的上级传递标准。

5.3.5 用能单位的能源计量器具，凡属自行校准且自行确定校准间隔的，应有现行有效的受控文件依据。

5.3.6 能源计量器具应定期检定(校准)。凡经检定(校准)不符合要求的或超过检定周期的计量器具一律不准使用。属强制检定的计量器具，其检定周期、检定方式应遵循有关计量法规的规定。

5.3.7 在用的能源计量器具，应在明显位置粘贴与能源计量器具一览表编号对应的标签，便于管理和查验。

5.4 能源计量数据

5.4.1 用能单位应建立能源统计报表制度。能源统计报表数据应能追溯至计量测试记录。

5.4.2 能源计量数据记录应采用规范的表格式样，计量测试记录表格应便于对数据的汇总与分析，应说明被测量与记录数据之间的转换方法或关系。

5.4.3 重点用能单位可建立能源计量数据中心，通过计算机网络技术，实现生产过程能源动态管理，按生产周期(班、日、月)及时获取、更新能源数据。

5.4.4 用于生产、结算、考核等的能源数据，统一由计量部门确认或提供。

5.4.5 计量数据统计时间，以计量、计划、生产、供应、经销、运输等部门共同商定的时间为准，不得提前或错后，防止数据有误。

5.4.6 各种能源计量数据，由计量部门负责保存 3 年以上。
